锻造你的核心竞争力
保证完成任务

冯慧娟◎编

吉林出版集团股份有限公司

图书在版编目（CIP）数据

　　锻造你的核心竞争力：保证完成任务 / 冯慧娟编．
—长春：吉林出版集团股份有限公司，2016.1（2025.5重印）
　　（全民阅读．经典小丛书）
　　ISBN 978-7-5534-9989-5

　　Ⅰ．①锻… Ⅱ．①冯… Ⅲ．①成功心理—通俗读物
Ⅳ．① B848.4-49

　　中国版本图书馆 CIP 数据核字 (2016) 第 031385 号

DUANZAO NI DE HEXIN JINGZHENGLI: BAOZHENG WANCHENG RENWU

锻造你的核心竞争力：保证完成任务　　冯慧娟　编

出版策划：崔文辉
选题策划：冯子龙
责任编辑：于媛媛
排　　版：新华智品
出　　版：吉林出版集团股份有限公司
　　　　　（长春市福祉大路 5788 号，邮政编码：130118）
发　　行：吉林出版集团译文图书经营有限公司
　　　　　（http://shop34896900.taobao.com）
电　　话：总编办 0431-81629909　　营销部 0431-81629880 / 81629881
印　　刷：北京一鑫印务有限责任公司
开　　本：640mm × 940mm 1/16
印　　张：10
字　　数：130 千字
版　　次：2016 年 7 月第 1 版
印　　次：2025 年 5 月第 4 次印刷
书　　号：ISBN 978-7-5534-9989-5
定　　价：45.00 元

印装错误请与承印厂联系　电话：010-61424266

前言
FOREWORD

在职场中，我们应该有"保证完成任务"的勇气和决心。面对任务，我们不能找任何借口逃避，而是要做到高效执行。只有这样，我们才算是真正地完成了任务，才会逐渐成为公司里的金牌员工。

有人认为只有能力出众、社交面广的员工才算是一名金牌员工。这种看法失之偏颇。通过仔细观察我们可以发现，在职场中不得志的员工并非能力太低或者社交太差。从根本上分析，这些人缺乏说出"保证完成任务"的勇气，缺少一种认真执行任务的态度，更缺少一种排除万难完成任务的信念和决心。

普通员工与金牌员工最大的区别就是对待工作任务的态度，前者常常应付、抱怨、寻找理由推卸责任；而后者则把全部的精力都集中在执行任务、解决问题上。如果你对工作提不起兴趣，没有"保证完成任务"的信念和决心，那你

锻造你的核心竞争力——保证完成任务

就不要奢望自己会成为公司里的金牌员工。

在这个竞争激烈的社会，唯有那些有执行力的人才不会被社会淘汰，而缺乏执行力的人只能平庸地过完一生。本书从分析高效执行入手，指导你如何提高自己的执行能力，帮助你将执行做到位，告诉你如何解决执行中的问题，最后将你打造成一名金牌员工。

目录
CONTENTS

锻造你的核心竞争力——保证完成任务

目录
CONTENTS

第一章

高效执行任务

01 确立明确的目标

有一种毛毛虫很喜欢吃松叶，它们专门在松树上结网筑巢，一到晚上，就排成纵队，一只紧跟着一只，集体外出寻找食物。法国的一位昆虫学家做了一个实验：他把外出觅食的一纵队毛毛虫引到一个花盆的边沿，并让它们首尾相接沿着花盆的边沿围成一个圆圈，他在花盆中间放上松叶然后观察毛毛虫的反应，结果，毛毛虫们围绕着花盆的边沿转了无数圈也没有发现松叶。每只毛毛虫都跟随前一只毛毛虫盲目地行动，没有一只停下来想一想自己的目标是什么，路应该怎么走。七天后，这些毛毛虫都因劳累和饥饿死掉了。

在现实生活中不乏像毛毛虫这样的人，他们看起来总是努力地不断往上爬，但是因为没有目标，即便累死也毫无收获。

古罗马哲学家塞涅卡曾说过："有人活着没有任何目标，他们在世间行走，就像河中的一棵小草，他们不是行走，而是随波逐流。"大多数人并不明白自己可以创造未来，他们没有明确的目标，在工作中做到哪里就算哪里，从没有为未来计划过。只有少数人明白自己可以掌控未来，他们清楚地知道自己的目标是什么，并付诸行动去实现它，最后，他们总能获得成功。所以说，一个人只有明确了目标，才有前进的方向，才有成功的可能；而没有目标，就只会在人生的道路上迷失自己，最终走向失败。

如果你想让你的执行力有所突破，做到高效执行，那么首先要明白的就是自己的目标是什么。我们都知道豹是捕猎高手，它之所以有骄人的捕猎成绩，是因为它每次行动之前，总是先确定一个明确的捕猎目标，然后心无旁骛地追捕这个目标。

目标是本，是一切工作的中心。它好比工作中的助推器，帮助我们提高工作效率，快速完成工作任务。它还是检验工作成绩的标准，只有达成了目标，才算完成了工作。所以说，作为职场中的一员，当我们把全部的精力都放在目标上时，就会很清楚地知道自己应该做什么、如何去做，并对自己的工作成果做一个准确的评价。这样的话，我们就能更高效地执行任务。

当然，我们所确立的目标必须是明确的，模糊不清的目标只会将人带入歧途。这就好比一个弓箭手射箭，如果看不清靶心，不管他的姿势有多正确，弓拉得有多满，都没有多大意义。目标明确就会少走弯路，而且，一个明确的目标会维持和加强一个人的行动动机，让他总是有足够的动力坚持行动，直至取得最后的胜利。

要想确立明确的目标，必须要对自身有准确的判断。只有根据自身的实际情况制订出来的目标才有实际意义。成功大师希尔说："我们不能把目标放在真空里，你必须将目标与自己的情况和需要配合起来。"我们都知道，事物一直处在变化发展之中，个人的情况和需要也不例外。所以说，你需要时刻审视、反省自己，保证目标和自己的实际情况相吻合，只有这样，你的目标才不会偏离正确的方向。想要确立明确的目标，必须懂得"择要"。一个明确的目标不是无所不包、涵盖一切的，这样的目标太笼统，会阻碍我们发挥自己的执行能力。一个人的时间和精力毕竟有限，如果你大面积撒网，而不是将注意力放在某个特定的目标上，你的精力就会被过度分散，从而哪个目标都无法实现。打个比方，如果你是一个猎人，在射击猎物的时候，你是瞄准一群鸟，还是瞄准一只鸟呢？瞄准一群鸟，你可能"颗粒无收"；瞄准一只鸟，你就能打中它。所以说，我们应该集中主要精力去做最重要的事。

一个明确的目标应该是怎样的呢？它就好比班车运行时间表，时间表上总会明确说明某一班车几点发车，几时到达目的地。一个明确的目标也应该有明确的完成期限以及完成标准。

在制订目标时，我们应该遵循以下三个原则：

（1）从现实入手，放弃完美化的追求；

（2）分清工作中的主次部分，将主要精力放在工作的主要部分上；

（3）限定完成目标的时间，制订工作完成的标准。

目标确定之后，我们就应该紧盯着目标，全身心地投入到目标的完成中，这样才能做到高效执行，从而更好地完成任务。如果瞎抓一气，中途随意改道，结果只能是"事倍功半"，甚至是"一无所得"。

老师给学生们讲了一个故事：三只猎狗正在追一只土拨鼠。土拨鼠在逃窜的过程中钻进了只有一个出口的树洞。时间不长，一只兔子从树洞里钻出来，并敏捷地爬到一棵大树上。爬到树上的兔子因为没有站稳而摔了下来，砸晕了三只正仰头看的猎狗。最后，兔子顺利逃脱了。老师讲完故事后，问："你们认为这个故事有问题吗？"一个学生说："兔子不会爬树。"另一个学生说："兔子体积太小，无法同时砸晕三只猎狗。"当学生七嘴八舌地说完所有的问题后，老师说："难道你们都忘了吗，猎狗追逐的土拨鼠到哪去了？"

猎狗最初追逐的目标是土拨鼠，当它们发现兔子后，注意力就转移了，由于忘了最初的目标，最后一无所得。在我们追求目标的过程中，也经常会冲出一只"兔子"，它会扰乱你的注意力、分散你的精力，甚至使你停止赶路，或走入歧途，最终劳而无获。

所以，在执行的过程中，我们必须锁住目标，这是高效执行的基础。只有盯住了"土拨鼠"，你的"追逐"才有意义，你的执行能力才会随着目标的逐步实现而不断提高。

02 制订可行的计划

对于高效执行来说，只有明确的目标是不够的，我们必须还要制订可行的计划。目标和现实之间犹如隔着一条河，河流或深或浅，或宽或窄，河面上也许风平浪静，也许怒浪滔天。想要跨过现实和目标之间的河流，就需要有过河的方法，也就是计划。所以，当我们确立了一个明确的目标后，马上要做的工作就是制订行动计划，也就是选用合适的过河方法。

有一个推销员，想得到公司的销售奖励——海外旅游，这是他的目标。但是如果他还像从前一样工作，或者说工作只积极那么一点点，很难想象他的业绩会有突飞猛进的增长。但是，要有合理的工作计划就不一样了。他问自己："如何才能拿到这个奖励？"答案是必须一个月做

出20万的销售额。于是他开始计算，一个月工作25天，平均一天需要做8000的业绩，平均一天要拜访10位顾客才会有这样的业绩。最后他得出结论，自己需要拜访250位顾客。如果他要实现目标，还需要继续完善自己的计划，这250个顾客在哪里？自己是否已经将拜访的行程排在一个月的行程表当中了？这些顾客是否都可以成功推销？哪些顾客成功推销的可能性不大？还需要再准备多少顾客？制订一个详细的计划解决这些问题，那么推销员目标实现的可能性就会非常大。

计划是行动的路线。只有制订出周全而又可行的计划才会让我们在行动中有路可循，提高工作效率。如果做每一件事都能精心策划每一个行动步骤，就像结婚或蜜月旅行那样，那么每一件事我们都会做得非常完美。

所以说，要想做到高效执行，就必须制订计划。不过，在制订计划时，一定要考虑到它的可操作性，也就是要务实，否则再完美的计划也不过是镜中花、水中月。一群老鼠不堪猫的骚扰，于是召开会议商议对策。经过讨论，老鼠们制订了一个目标：在猫发动进攻前就躲藏起来。实现目标的计划是：在猫的脖子上系一个铃铛，当猫到来的时候，它们就可以听见铃声，这样就有时间迅速地躲进洞里。可是最终这些老鼠也没有实现自己的目标，因为没有老鼠敢按照计划为猫系上铃铛。

大而空的计划确实能在短时间内激起人对美好未来的憧憬和对成功的强烈欲望。但是，这一切还只是一种想象，如果计划没有可操作性，行动无法实行，那么这种想象永远也不会变成现实。当憧憬和欲望退去后，人们就会避开计划，逃离现实。

一个高中生为了考上名牌大学而制订了一份学习计划：早上五点起床，背英语课文；六点，背语文课文；七点，去上学；七点半，在早自习时做十道数学题；上午，聚精会神地听老师讲课；课间操时，默背二十个英语单词；中午，做一套物理习题；下午，聚精会神地听老师讲课；下午自习时完成所有的作业；晚上七点半，复习当天的功课；晚上八点半；做一套化学习题；晚上九点半，再做十道数学题；晚上十点半，练习高考作文；晚上十一点半，背二十个英语单词；晚上十二点，睡觉。

乍一看这份计划，你一定会觉得这个学生非常用功，也很会学习。可是，如果再仔细分析一下，就会发现这个学生几乎把自己所有的时间都安排满了，基本没有休息的时间。可以肯定，他的学习效率不会高，会经常完不成规定的学习任务。久之，手中的任务越攒越多，他就会对学习失去兴趣，或者干脆把计划丢在角落里，就当自己从来没有制订过计划。可以想象，以这种态度迎接高考，他怎么可能成功呢？

如果计划不具有操作性，那计划就失去了应有的意义，不过是一张废纸而已。所以说，制订计划，要对现实和自己的情况有深刻的了解。否则，既无法制订出合理的计划，也不能保证制订出来的计划能够顺利执行。

要想制订一个可行的计划，需要遵循以下的原则：

第一，计划里的时间安排长短要适宜。时间过长，中途变数就会增多，计划经常需要调整，就会耗费大量的精力。而且，时间过长也不容易坚持下来。根据心理学家的研究，经过持续的锻炼与培养，人在三周左右的时间内才会养成一种习惯。因此，计划里的时间安排以一个月为宜。

第二，制订计划也要突出重点，不能眉毛胡子一把抓。而且，还要对执行过程中可能会出现的问题有心理准备，提前做好必要的防范措施和补救办法。

第三，明白计划并不是"金科玉律"不可打破。在执行的过程中，我们应该随着目标的调整而变更计划。而且，当实际情况和自身条件都发生变化时，也要对计划进行调整。只有灵活掌握计划，才能真正做到高效执行。

总之，计划是行动的路线。有了这个路线，我们在执行的过程中就能全身心地投入到工作中，迅速而高效地完成任务。

03 没有行动，一切都是空谈

当你确定了行动目标，也制订了可行的计划，接下来，就要开始行动了。有的人终日沉湎于幻想之中，不做任何努力，整天做着春秋大梦，认为成功就像馅饼一样，有一天会从天而降，落在自己的头上。这样的人永远也不会取得成功，因为他们根本不懂：没有行动，一切都是

空谈。成功的关键在于行动。正如古罗马一位大哲学家所说："想要到达最高处，必须从最低处开始，想要实现目标，必须从行动开始。"

一个贫困的中年人非常想改变自己的处境，于是就去教堂祈祷，"上帝啊，请求您让我中一次彩票吧！阿门。"几天后，他又愁眉苦脸地回到教堂，跪着祈祷："上帝啊，您为什么不让我中彩票呢？恳求您让我中一次吧！阿门。"几天后，他再次来到教堂，跪下重复他的祈祷。他就这样周而复始地祈求着。有一天，他像往常一样向上帝祈祷，"我的上帝，您为何不听我的祈求呢？让我中一次彩票吧，一次就足够了！我的困难解决后，我愿终生侍奉您……"这时，圣坛上空传来了不耐烦的声音："我一直在听你的祷告，也很想帮你。可是，你最起码也该先去买一张彩票吧！"

对成功而言，梦想好比是起跑线，决心好比是起跑时的枪声，而行动就是奔跑者的全力奔跑。要想到达终点，只有梦想和决心是远远不够的。只有奔跑才能把奔跑者带到终点。"只想不做的人只能生产思想垃圾。"布莱克说，"成功是一把梯子，双手插在口袋里的人是爬不上去的。"有这样一个分公司，经理、科长都是高学历人士，但整个公司运作效率却出奇的低，多次商机都没有抓住。总公司疑惑不解，于是花大力气进行调查分析，最后终于知道了原因所在：原来每次开会时，每个人都有自己的方案与计划，而每个人提出的方案与计划都会被其他人挑出许多毛病来，一场会开下来，能够真正通过的提案寥寥可数。总公司根据这种情况，派了一位实干的中年男士出任分公司总经理。在他主持召开的会议中，虽然有些提案受到了诸多指责，但只要他认为有可取之处，就立马通过施行。时间一长，公司的运作效率提高了不止10倍，而且也没有再错过商业良机。当然，分公司也犯过一些错误，但与成绩相比，这根本不值得一提。这位总经理在一次会议上向大家解释自己的做法，他说："勇敢地迈出第一步，边做边想是我一贯的做法。虽然这样做可能会遇到一些挫折。但你不迈出第一步，不去实施，就什么也没有。"

俗话说，万事开头难。的确，行动的第一步很难迈出。很多人力图制订一个完美的计划，将各种情况都考虑进去。他们把可能要发生的问题一一找出来，然后寻找各种解决的办法，结果发现新的问题接二连三地产生。就这样，还没有行动，他们早已经泄气了。其实，完美的计划是不存在的，我们只能制订出尽可能周详的计划。而且，不是行动中的所有问题都能在制订计划时考虑进去，我们应该边行动边解决问题。同时，我们应该勇敢地面对问题，因为问题不会自动消失，我们可以躲一时，却躲不过一世。有时候，走出一步、大胆行动，你就会发现新的天地。

关于行动，歌德有一段精辟的论述："把握住现在，从现在开始行动，只有勇敢的人身上才会被赋予天才、能力和魅力，因此，只要做下去就是成功。在做的过程中，你的心态就会越来越成熟。只要有开始，那么不久之后你的工作就可以顺利完成了。"一项任务在执行之前，看似有千难万难，但只要你行动起来，再难的任务也会变得简单。如果你拖着不行动，那么，你会觉得任务越来越艰巨、越来越可怕，还没有战斗，你已经在精神上失败了。让我们记住拿破仑的一句话："先投入战斗，然后再见分晓。"在生活中，到处都有"语言的巨人，行动的矮子"。一位满腹经纶的大学教授与一个没有上过学的文盲毗邻而居。尽管两人的社会地位和知识水平天差地别，不过他俩有一个共同的目标：尽快富裕起来。一有空，教授就开始高谈阔论，大谈如何致富。没有上过学的邻居则在一旁专心致志地听着，他很佩服教授的学识，并开始按照教授的致富设想采取行动。几年之后，他终于发家致富了，而教授却还在空谈致富理论。

一个人能否成就一番事业，不在于他学识是否渊博，而在于他的行动是否坚决。唯有行动才能让目标和计划变得有意义。上文中的教授被计划和方案束缚住了，他没有采取行动的勇气，从而使自己的致富经变成了空想。其实，他的致富经很好，只要付诸行动，致富经就会显示出其优越性，所以，教授的邻居富裕了。从这个意义上说，成功的秘诀就是：行动！立即行动！

总之，成功的机遇需要通过确实有效的行动才能抓住。无论你有多么美好的目标，多么缜密的计划，只要你不行动起来，你的任务就永远不会完成，你也永远成为不了拥有高效执行能力的员工。

04 拖延是一种恶习

有些人确实在行动了，不过，看看他们的行动吧：今天应该完成的工作要拖到明天；马上就应该打的电话非要拖到一两个小时之后再打；这个月就应该做好的工作计划拖到了下个月；这个季度应该达到的进度拖到下个季度。这种凡事都往后拖的恶习就是拖延。

拖延并不能使工作任务消失或减少，也不能让问题变得简单起来，它只会使问题加重，给工作造成极大的损害。任务在拖延之下，会由小变大，仿佛滚雪球一般，执行起来也更加困难。而且，没有任何人会为我们承担拖延的损失，一切恶果都要由自己承担。比如，你应该在三点钟给客户打一个电话，但拖到四点你才打，也许，顾客早就等得不耐烦了，不仅要投诉你，甚至还要退单。因为你的拖延，自己遭受损失不说，公司也会受到牵连。哪一个老板愿意雇佣这样的员工呢！为了上班不迟到，你把闹钟定在早上七点。但是，当闹钟响起时，你依然很困，于是关掉闹钟再睡。时间一长，本该起床的你总是拖沓着不肯起，于是不得不为自己的迟到编造借口。拖延会腐蚀人的意志和心灵，耗费人的能量，使人的潜能发挥不出来。一个习惯拖延的人，时时会陷入一种恶性循环之中，那就是："拖延——低效能+情绪困扰——拖延"。对于一个渴望做到高效执行的人来说，拖延最具有破坏力。一个人只要容许自己一次拖延，就很容易次次拖延，直到把拖延变成一种积重难返的习惯。如果对此习以为常后，就很难取得成功。职业专家认为，喜欢拖延的人没有安全感，他们害怕失败，不敢面对现实，尤其是不敢面对并不顺利的现实。当然，造成拖延的原因有很多，判断下面这几点是否是导致你工作拖延的原因。如果是，就

要采取相应的措施改掉这个恶习。

1.对工作没有明确的认识

有的人之所以拖延，是因为他们对自己的工作没有明确的认识，不知道怎样做，甚至不知道自己该做什么。于是，他们就抱着等等看的态度对待工作，从而导致工作越积越多。这些人应该学会沟通，与上司沟通，尽量全面掌握工作的具体情况；与同事沟通，遇到难题就勇于求助他人，不要默不作声地不采取任何措施。只有对工作做到了然于胸，才能果断地采取行动，才不会拖延。

2.不会排定工作的优先顺序

胡子眉毛一把抓，不分轻重缓急，就很容易造成拖延。面对工作中的众多环节和众多步骤，你不知道先完成哪个，再完成哪个，所以一会儿做这个，一会儿做那个，结果什么都没做成。如果你是因为这个原因才养成的拖延恶习，那你就要学会分清主次，在工作开始之前，就把需要完成的事情按照优先顺序排列好。

3.不愿承担责任

还有很多人拖延是因为他们不愿意承担责任。这些人总会等到他们认为完成工作的情况好转了，才会迈出行动的第一步，这样犯错的机会就少多了，承担责任的机会自然就少了。当然，他们肯定会将延误的原因推到别人的身上，认为是别人的妨碍才造成自己的拖延。这样的人必须要明白，工作是为了自己，而不是为了他人。对工作负责就是对自己负责。爱默生说过："责任具有至高无上的价值，它是一种伟大的品格，在所有价值中它处于最高的位置。"

4.逃避工作

有些人面对一项烦琐的工作任务时，不是想办法努力完成它，而是选择逃避。因为他们想用这种方式使自己保持一个愉悦的心情。不过，这是一种鼠目寸光的行为，因为任务总会有一个最后的期限。随着期限的到来，你的压力和忧虑就会越来越多，内心根本不可能得到平静。所以说，与其逃避，不如面对，在经历了最初的痛苦后，你就会收获完成工作的满足感和成就感，这才是让自己愉悦的真正途径。

5.依赖他人

如果一个人有很强的依赖性，他也会养成拖延的恶习。因为，他不会独立完成工作，总是等别人前来帮忙，于是工作一拖再拖。为了高效执行，请求别人帮助无可厚非，但请别人帮助的前提是自己已用尽了所有的方法。如果不去尝试，只是一味等待别人帮忙，这样的人迟早会被公司解雇。试问你会允许一个不会做事的员工留在自己的公司吗？

要想停止拖延，就要明白最好的行动时机就是现在，不要把工作推到下一秒钟。立即行动吧！一旦你成为做事迅速的人，你的执行力就会得到提高，业绩就会越来越出色。立即行动吧！这种态度会帮你减少困难与阻碍，让你更轻松地取得成功。

一个农夫新买了一块农田。就在他打量这块农田的时候，发现田中央有一块大石头。"为什么不把它从农田里搬出去呢？"农夫问卖主。

"哦，你看它裸露在外的体积这么大，你就知道它是一个大家伙了。"卖主回答道。农夫二话不说，立刻找来铁棍，把石头从地里撬出来。让他惊讶的是，这块石头只有极小一部分被埋在了地里。没费多大力气，农夫就把石头搬出了田地。

我们不是夸大事情的难度，就是以为时间还有很多，即使今天完不成，明天也会完成。殊不知，事情并不会随着时间的流逝而变得简单，它只会越来越复杂。而且，明日复明日，明日何其多。当手上积攒的事情越来越多时，整个人就会烦躁起来，没有耐心完成任何一件事。我们要么会从头开始，那就意味着之前的目标和计划全都失败了；要么会胡乱了事，而这种敷衍的态度不会让我们取得任何成功。

改掉拖延的恶习，培养"立即行动"的良好习惯。只有这样，我们才能做到高效执行，才能出色地完成工作任务。

05 限定完成任务的时间

不管是主动去做一件事，还是被动接受一项任务，能够快速而高效地完成是每个人追求的目标。而且，只有你比他人更快、更好地完成工作，才能在所有的员工中脱颖而出。要想提高工作效率，很重要的一个方法就是设定完成工作的期限，并将期限贯穿在完成工作的整个过程当中。希森教授很有才华，他一直在酝酿写一本传记，主题是关于"几十年前一个众说纷纭的人物轶事"。这个主题非常有趣，而且还很独特，加上希森教授生动的文笔，这本传记一定会成为畅销书籍，并为希森教授带来无上的荣誉。

一个朋友问希森教授："你写这本传记需要多长时间呢？"

"我尽量以最快的速度完成吧。"希森教授回答说。

五年之后，这位朋友又遇到希森教授。在聊天时，他们又提到了这本书，朋友问道："希森，你的传记是不是快完成了？"

谁知，希森教授竟一脸惭愧，说："我还没动笔呢！"马上他又解释道："这几年工作实在太忙了，有许多重要的任务要完成，所以根本没有时间动笔。"

后来，希森教授的这位朋友做出了一个决定：自己写这个传记。一年之后，传记面世了，深受读者欢迎。这位朋友也因为这本书而一举成名，在文学界占得了一席之地。

在记者采访他时，问他是如何完成这本传记的，他说："在动笔之前，我为自己设定了一个不能更改的完成期限——两年。当不想写时，或者觉得以后再写也可以时，我就会看看这个期限，然后告诉自己：你必须马上行动，剩下的时间不多了。在期限的强制下，我只能写，一有空就写，哪怕只有十分钟。最终，我提前一年完成了这本书。"

从这个事例中可以看出，如果一个人不给自己设定完成任务的时间，那么任务就会被无限期地拖延下去，结果就会像希森教授那样，与成功失之交臂。

拖延对你现在或将来的工作都是一种极大的伤害。它会使你既无法如期完成当前的工作，也不可能为将来工作打下良好的基础。

也许有人会说："领导在给我布置任务时，已经明确了完成任务的期限，我只需要在他规定的最后一刻上交任务成果就行了。'自己限定完成任务的时间'对我来说是多余的。"

不过，大量事实表明，在期限的最后一刻提交任务成果是非常可怕的。因为你极有可能在最后一刻提交不了。我们都知道，事情并不会按照我们的意愿发展，在工作过程中，经常会有突发事件与我们的工作相冲突，你不得不分散出一部分精力和时间去处理这些事情，那么，你的工作进度就会受阻，致使你无法按期完成任务。

某家公司的老板要去美国参加一个国际性的商务会议，并在会议上发表演讲。他身边的几位主管都忙碌了起来，有人准备老板出国所需要的各种材料；有人安排行程；还有一个主管专门负责准备演讲稿。不过，负责演讲稿的那个主管看上去倒是比较悠闲。有人提醒他要尽快完成任务，他说："放心吧，我已经计算好了时间，在老板出发时肯定能完成。"

老板出国的那天早晨，各部门主管都来送行。有人问负责演讲稿的部门主管："你负责的演讲稿准备好了吗？"对方睡眼惺忪，有气无力地说："昨天一直加班到深夜，不知为何我儿子突然发起了高烧，只好先送他去医院了。稿件是写完了，但是还没有整理出来。反正演讲稿是用英文写的，老板也不懂英文，不可能在飞机上看。等他上飞机后，我马上回公司整理稿件，然后打好，再电传过去就可以了。"

没想到老板来到后的第一件事就是向这位主管要演讲稿。在听完他的解释后，老板勃然大怒："给你这么长的时间都完不成任务，真不知道你是怎样工作的。我本来想在飞机上与同行的外籍顾问一起研究这份演讲稿，在飞机上什么都不做多浪费时间！"这位主管闻言，脸色一片惨白。

作为职场中的一员，不管何时都不要把工作拖到最后的完成期限。真正出色的员工不但要时刻牢记工作期限，还要知道，在老板的心中，最佳的工作完成日期不是今天，而是昨天。所以，他们总会尽力在工作期限内提前完成任务。提前完成任务，能提高一个人的竞争力，使他获

得更大的发展空间，这种工作精神永远不会过时。高效执行任务就要做到"把工作完成在昨天"。一个总能在"昨天"完成工作的员工，一定会有成功的一天。

上文中的那位主管应该成为我们的反面教材。千万不要像他那样，把工作成果的提交日期，设定在期限的最后一天。结果，原本能在昨天完成的工作被拖到了明天。长期这样，一个人的工作表现会越来越差，他甚至可能会被老板解雇。

如果你的上司在交付工作时，给你规定了明确的工作期限；如果你想做一名有高效执行能力的员工，那么，就在上司规定的工作期限内，主动给自己限定一个更短的工作时间吧。

你一定要记住，高压之下才有高效率。不管工作任务多艰巨，工作时间多苛刻，你为自己限定的工作时间，一定要比上司规定的更短。这样，你的工作进度之快会让所有人吃惊，你也会得到老板的关注和重用。总之，"限定完成任务的时间"是高效执行任务的永恒学问。

06 做管理时间的高手

在大多数时候，人们并不相信"上天是公平的"。比如，有人出生富贵，有人出生贫穷；有人平安到老，有人屡遭无妄之灾……不过，就算上天有不公平之处，但有一点是绝对公平的——他给予每个人的每一天都是24小时。不论你富贵还是贫穷，也不管你是健康还是残疾……一天24小时永远都不会变。如果说时间是一笔财富，那么每个人都拥有同样的财富。但是，有些人挥霍它，有些人利用它。那些职场中的佼佼者，那些擅长高效执行任务的人，总会以一种认真、谨慎的态度对待时间，最大限度地利用它，这也是他们出色的重要原因之一。

　　在高效率工作者的眼里，工作时间是由分或秒为单位来计算的。有科学家做过研究，发现用"分"计算时间的人，比用"小时"计算时间的人，时间多了59倍。所以说，度量时间时应该有一个正确的标尺。只有这样，我们才能充分地利用时间，才能快速、高质量地完成工作。

　　琳达在一家顾问公司上班，工作十分繁忙，平均每年要处理的案件高达130宗。而且，她还经常出差，足迹遍及世界五大洲。但是，她并不觉得时间不够用。有人问这是为什么，琳达说："我有一个习惯，就是随身携带需要处理的案件。不管是在火车上还是在飞机上，我随时都会拿出来处理，哪怕乘车的时间很短。"琳达最大限度地利用了时间，因此才能如此高效率地完成任务。

　　所以说，要想做到高效执行任务，就必须明白时间的重要性，不轻易浪费每一分、每一秒。

　　时间对我们如此重要，我们应该如何把握和管理呢？如果你不会管理时间，那么在此处节省的时间也会在彼处被浪费掉。因此，学会管理时间就显得很有必要了。只有这样，你才能让节省下来的时间在执行中发挥出最佳作用。

　　1.制订计划

　　在工作中，没有比制订工作计划更能让你高效利用时间的了。科学家通过一系列的试验和研究发现：当一个人接手一项任务后，他制订计划所用的时间与完成任务所用的时间成反比。制订计划用的时间越多，工作效率也就会越高。因此，不管任务有多艰巨，工作时间有多苛刻，你都必须抽出足够的时间思索和制订计划。计划的重要性，就好比教练在足球赛前，给队员详细讲解比赛的战术一样。没有赛前战术，队员们就会像一盘散沙，无法踢出一场好球。当然，随着比赛的进行，教练也会对战术进行一些调整。我们在执行任务时，也应该牢记这一点，按照计划做事，但也不能一味拘泥于计划。

2.制订工作执行表

为了能高效地完成任务，管理时间的高手建议你这样做：将一张纸左右对折，把工作计划，包括工作中的重要步骤写在这张纸的左边；每完成一步，就将相应的情况写在纸的右边。这样一目了然，方便将计划与执行对照，很容易就能找出执行中的问题，让执行变得更加高效和顺利。

在执行时，我们还要找出工作中的重要事项以及关键环节，并对它们特别注意。最好是按照重要的先后次序，将它们一一编号。在执行时，对于最重要的事项，一般要多花费时间和精力。所以，在执行中，你要牢记这样一个原则：分清轻重缓急，不要事无巨细、一视同仁。此外，为了应付一些突发事件，你还要留一部分时间作备用。

3.避免帕金森定律

美国著名历史学家诺斯古德·帕金森曾说："工作会自动地膨胀，占满一个人所有可用的时间。"人们通常把这句话称为"帕金森定律"。也就是说，如果时间充裕，一个人就会放慢工作节奏或者增加其他项目，最后的结果就是用掉所有的时间。这样做对高效执行任务非常不利。给自己太多时间做一件事，不一定能将工作做得尽善尽美，反而我们会因为时间多而懒散起来，导致效率降低。为避免帕金森定律发挥作用，我们必须做到：为每项工作制订一个较短的完成时间，这样你就可以在短时间内快速完成任务。

4.一次性地完成一项工作

许多人因为拖拉，将工作完成了一大半后就搁下不管了，并欺骗自己和别人，说工作已经做完了。实际上，这是一种极为浪费时间的做法。要知道，如果有一天你再回过头来处理那些已被搁置多时的工作，就不得不再花费一定的时间和精力去重新熟悉工作，并制订计划。

"过程就是结果"的说法在高效执行任务这里行不通。没有结果的过程越长，就表明你浪费的时间越多。所以说，一旦你开始做某项工作，就要全力以赴，一次性把工作做好、做到位，千万不可有始无终。

也有人会说，如果接手的工作任务既庞大又复杂，不可能一次性完成怎么办呢？这时，你就可以采取"工作细分化"的方法，把庞大的工作细分成许多易于立即动手完成的工作。这样，面对一项庞大的任务就不用发愁了，你只需完成每一项"小工作"就可以了。当你一一把"小工作"完成后，你就会发现，你已经完成了整项任务，并且离工作期限还有那么长的时间。

总之，只有成为管理时间的高手，我们才能做到高效执行任务，最终才能更好地完成任务。

　　要做到高效执行，还要学会一点，就是自我定位，而且是正确的定位。在职场中，很多员工的能力很高，也有足够的时间——这些是高效执行的必备要素。但是，他们的工作效率却不高，虽然他们已经尽了力。

　　发生这种情况的原因是什么呢？大部分人都是因为个人定位出现了偏差。个人定位不准确，能力出众的员工也会变成低效员工。

　　有这样一个事例：一天，一家工厂内的一台机器因一个螺母坏了而停止运作，这影响了工厂的生产计划。老板非常着急，找来维修工，说："给你两分钟的时间，赶紧让机器运转起来。"

　　维修工痛快地答应了，说："保证完成任务！其实换一个螺母根本就用不了两分钟，一分钟就足够了。"说完，他拿着扳手、钳子等工具和装有各种型号螺母的铁盒子来到停工的机器前。

　　但是，维修工在盒子里找了半天，也没有找出一个与机器上的螺钉相吻合的螺母。望着依然停止不转的机器，维修工不知所措。老板气急败坏地说道："对这台机器来说，只有与这个螺钉相吻合的螺母才能叫作螺母，其余的全都是废铁。你盒子里没有一个'螺母'，装的都是废铁。"

　　只有与螺钉相吻合的螺母才能让机器运转起来。由物推人，在工作中，一个人只有在合适的位置上才能充分发挥自己的能力，并高效执行任务。一位著名的管理大师说："如果你在一个位置上勤奋工作，可是无法出色完成任务，这时，你就要自我反省了：是不是错误的定位让自己变成了'不合格的螺母'。"

一个人的定位是否正确，其标准不是他完成了多少工作，而是对于这个位置上的各项任务，他是不是能够高效、高质量地完成。

罗勇在广东一家大型家电公司做技术工作。他技术高超，经验丰富，不管多棘手的技术问题都能解决，人称"技术之王"。不过，罗勇却一直觉得自己在管理方面很有天赋。一天，人力资源部的主管辞职了。罗勇听到这个消息后非常高兴，认为自己的机会来了。他使出浑身解数，最终如愿以偿，当上了人力资源部的主管。走马上任后，罗勇才发现事实和他想象的相差甚远。他根本就不适合做管理，整天对着一大堆文件而不知道如何处理。时间一长，人力资源部的工作几乎陷入了瘫痪状态。

从罗勇的事例中我们可以明白，一个人一定要找准自己的位置，否则只会空有能力而做不出应有的成绩。

准确定位的重要前提，就是认清自己。坐落于希腊阿卡迪亚群峰之间的阿波罗神庙修建于公元前5世纪中期。这个曾被古希腊人视为"地球脐眼"的地方有一种非凡的魅力，让求知者膜拜，让行旅者仰慕。传说中，阿波罗神庙的门楣上刻着一句话："人啊，认识你自己吧"。数千年来，这句话穿越时空，一直在给人类以理性的昭示和警醒，包括那些在职场中忙着给自己定位的人们。

怎样才算是认清自己呢？简单地说，就是知道自己的优势和不足。俗话说，尺有所短，寸有所长，每个人都会有不足之处。不过，不足一点都不可怕，可怕的是你没有发现自己的优势。一个人只有从事与自己的优势相符合的工作，才能发挥出自己的能力。如果你不清楚自己的优势，反而从自己的短处出发，时间一长，你就难以摆脱"高智商低绩效"的下场，就像上文中的罗勇一样。

只要你将优势发挥到极致，就能高效地执行任务、出色地完成工作，在职场中实现自己的人生价值。当然，当你了解了自己的优势后，还要知道发挥这些优势所需要的条件。这样，你就会真正地为自己找对位置。

要做到准确的定位还需要我们有一个正确的定位标准。

在工作和生活中，为自己定位时，你的标准是什么呢？是获得地位、名声、金钱，还是做到从自身实际情况出发，最大限度地发挥自身的特长？

如果你的答案是前者，那么不得不遗憾地告诉你，你正在犯一个严重的错误。因为这个定位标准会蒙蔽你的心智，妨碍你做出正确判断，阻碍你发挥特长。最后，你会在各种诱惑中迷失自己，被动地工作，无法做出出色的业绩。如果你的答案是后者，那么，你就会始终保持一个清醒的头脑，在工作中调动起自身的全部才能，做到高效执行任务。

如果你在职场中已经为自己找好了位置，那么恭喜你了。不过，需要注意的是，不仅客观情况是变化发展的，一个人的主观条件也会变化发展。也就是说，你的特长并非一成不变。而且这种变化的轨迹一般呈现出曲线状，最开始时向上增长，当增长到最高值后，就会进入平台期，然后向下衰退。所以，自我定位一定要随着主客观情况的变化进行调整。只有这样，才能防止你再度成为"不合适的螺母"；你在工作的各个阶段才都会收获一个高效率的工作业绩。

08 细节决定成败

小李和小王同时进入一家中外合资公司工作。这家公司发展前景良好，为员工提供的福利待遇非常优厚。按照公司的规定，在试用期结束后，会有一半的新员工被淘汰。也就是说，小李或者小王，会在试用期结束后离开公司。他俩为了能留下来，都非常努力地工作：上班从不迟到，下班后还经常加班，一有时间就帮其他同事干活。

部门经理个性随和，很欣赏他俩的工作表现，还经常去两个人的单身宿舍，和他们交流工作和生活中的一些事情。为了给经理留下好印象，他俩不仅将宿舍收拾得干干净净，还在书桌上摆上专业书籍，以示上进。

试用期结束后，被留用的是小李。一年之后，小李被提升为部门主

管，此后和经理接触得更频繁了。一天，他问经理当初为什么留下的是自己而不是小王。经理说："其实，你二人的工作表现都非常出色，要挑选一个还真不容易。不过，当去宿舍找你们的时候，我注意到了一个细节：你不在屋里时，灯和电脑都是关着的；而小王不在屋里时灯和电脑都是开着的，所以最后选择了让你留下来。"

优秀员工与平庸员工之间有一个很大的区别，就是前者注重细节，而后者轻视细节。不要忽视细节的重要性，一滴墨就足以将整张白纸玷污，一件小事也会让你招致他人的厌恶。如果你注重细节，细节就会显示出神奇的一面，它会提升你的价值，让你出色地完成工作。

只有关注细节，才能做到高效执行。

具体而言，工作中的细节主要体现在以下几个方面：

1.让办公桌整洁有序

如果你的办公桌上堆满了各种信件、文件、备忘录、书本之类的东西，就会给人一种混乱的感觉。更可怕的是，这种混乱会让你觉得自己有无数的工作要做，可是又理不出头绪，根本不知道从哪里下手。这样，你还没有开始工作，就已经疲惫不堪了。所以说，办公桌上混乱的杂物会在无形中加重你的心理负担、冲淡你的工作激情。

对于这一点，美国西北铁路公司董事长罗西有一段精辟的论述："一个办公桌上堆满了文件的人，若能把他的桌子清理一下，只留下需要处理的工作，他就会发现自己的工作变得容易多了。这是提高工作效率和办公室生活质量的第一步。"因此，为了高效执行工作任务，首先就要做到保持办公桌整洁、有序。

2.请假不是一件小事

职场中的人应该谨记：请假不是一件小事。不要认为请假很容易，于是就随便编造一个理由不上班，比如自己生病了、孩子生病了、家里水管坏了等等。虽然老板答应了你的请假要求，但是他不会对你有好印象。更重要的是，频繁的请假会影响工作进度，使你不能在规定的期限内完成任务。就算你工作效率高，一两天不上班也不会对工作进度产生影响，那也不能随便请假。因为，你毕竟处在一个团队中，你的缺席很可能会给其他同事造成不便，影响他人的工作进度。

请假不是一件小事。在公司里，当发现自己将要接手的任务比较繁重，一些人就会产生躲避责任的心理，遂编造理由请假。这种做法更不得，因为承担重大的责任是提升一个人执行力的绝佳方法。

3.办公室里不能闲聊、干私活

绝对不能在办公室里干私活。因为在工作时间内，公司的人力、物力等资源都属于公司所有。在上班的时间内做私事，甚至为此而动用公司的公物，这是一种不道德的行为。而且，私事会占用你的时间和精力，使你不能全身心地投入到工作中去，工作进度就会因此受到影响。聊天也要不得，工作的时间就是用来工作的，聊天不仅会影响你的工作效率，也会分散他人的注意力，使整个团队的工作任务无法按期完成。把所有的办公时间全部用在执行任务上，这是应该的，也是必需的。

4.上班期间把手机关掉或调成静音

在办公室里，你是否遭遇过这样的尴尬，正当你凝神工作时，被一阵突兀的手机铃声吓了一跳，一下子没有了思绪。这铃声既可能是同事手机发出的，也可能是自己手机发出的。你遭遇过这样的尴尬，别人也遭遇过。为了不影响自己和他人，一定要把手机关掉或者调成静音。而且，工作时间就是用来工作的，我们应该尽量避免接打电话。只有全身心地投入到工作中，才能提高工作效率。

5.下班后不要立即离开

不要下班的时间一到就立马关电脑回家。你应该整理办公桌，总结一天的工作情况，并制订出第二天的工作计划，最好再准备好相关的资料。这样，第二天你就不会"打无准备之仗"，而且还能快速地进入工作状态，使工作效率大大提高。

6.适时关闭电脑

如果不是每时每刻都能用到电脑，就不要让电脑一直开着。电脑开着，你就会情不自禁地浏览一些网页、玩玩小游戏、听听音乐，甚至打开QQ和朋友们聊天。这时时间会在不经意间流走，而你的任务会随着时间的流走而变得越来越多，不用说提高工作效率了，甚至连按时完成任务都变得不可能。所以，在工作中，不需要电脑时就远离它，不要让自己沉迷在网络中。如果有空闲时间，就帮帮同事，或者看专业书籍为自己充电。

细节决定成败。不注重细节的人，对工作缺乏认真负责的态度。面对任务，他们不是想着如何做到高效执行，而是敷衍了事。这种人不会在工作中得到乐趣，也不会在工作中实现自己的人生价值。而那些考虑细节、注重细节的人，会将小事做好，心无旁骛地投入到工作中，使自己的执行能力越来越高，最终走上成功之路。

09 让执行成为一种文化

一个流传很久的故事中有这样一段话：一群人正在祈祷，希望命运之神赐予他们幸福。命运之神说："你们能告诉我什么是幸福吗？"商人说："拥有财富就是幸福。"诗人说："读到一本好书就是幸福。"流浪者说："在冬日里看到阳光就是幸福。"什么是幸福呢？众说纷纭，没人能说清楚。此时，这些人才发现，自己不是没有幸福，而是不知道幸福的根本意义在哪里。

当然，幸福是什么不是本书要讨论的问题，只不过以此来做一个比喻。当员工们都被要求"高效执行任务"的时候，想必他们也遭遇了同样的困惑：什么样的执行力才算得上"高效"？

对于这一问题的答案，我们不妨先从辉煌时期的德国足球谈起。二战后，德国足球崛起，创造了极为辉煌的历史。人们通常会用"强悍、守纪"来形容他们。的确，在技巧上，他们不如巴西；在全能方面，他们也比不上荷兰。但是，在执行教练的战术上，没有人比他们做得更出色。球员严格遵守内部纪律，在自己的位置上全力以赴，用一种铁血的意志告诉世人如何才能赢。虽然有人会批评德国足球略显呆板，但是也不得不敬佩他们的执行力文化。

此时，"高效"执行的含义已经明朗了。对一支球队而言，球队文化是高效执行的根本。对一个企业来讲，企业文化同样是高效执行的根本。一位著名的企业家说过这样的话："21世纪企业之间的竞争，最根本的是企业文化的竞争，谁拥有文化优势，谁就拥有竞争优势、效益优势和发展优势。"所以说，执行力文化是21世纪企业的主要文化，也是企业富有生命力的保证。

所以说，作为企业中的一名员工，要想做到"高效执行任务"，就必须将执行力融入企业文化中去，使其成为企业文化的重要组成部分。当你对企业的每一项工作、每一个发展战略都有全面而透彻的了解，这时才会真正地让执行力在完成任务中发挥作用。不管任务如何变化，策略如何调整，你都能做到"高效执行"，出色地完成任务。

优秀员工和平庸员工之间一个很大的差别，就是优秀员工的执行力根植在企业文化之中，底蕴丰厚。

从一定意义上说，执行代表着一个人工作的速度和力度。但是，假如你的执行与企业文化南辕北辙，你就不能保证你所做的工作是有意义的。这种情况下，你执行越迅速，力度越大，工作陷入困境的速度就会越快、程度就会越深。因此，员工在工作中必须将执行融入企业文化中去，并使其成为一种文化，这样才能保证执行不会误入歧途。

所以，我们在加入一家企业后，一定要全面而透彻地理解其企业文化。如果你对企业文化的认识和实际情况有很大偏差，那么你的执行就会与企业的期望相差甚远，更谈不上什么"高效执行"了。

杨健在一家进出口公司任部门主管，这家公司虽然一直强调员工是公司的最大财富，要信任员工，让员工放开手去做。但在实际操作中，公司对员工一直怀有警惕之心，害怕员工"泄露"客户资料，出卖公司的利益。两年后，杨健跳槽到另一家进出口公司，并担任中层主管。虽然来到了新公司，但他那套在之前公司养成的凡事都亲力亲为的工作方法却没有变。一个月下来，他累得要死，可是工作业绩却排倒数第一。原来，这家公司的企业文化是诚信、授权、消除官僚主义，而且也贯彻到了实际工作中。杨健虽然对公司文化有一定的了解，但是并没有放在心上，以为那不过是装饰门面而已。虽然他事必躬亲，干了许多"下属的工作"，但下属并不感恩，反而心生"恨意"。在这个竞争激烈的时代，没活干就意味着多余，多余就会被解雇。整个团队的和谐和协作都被他破坏了，他有糟糕的业绩也就不足为奇了。杨健在新的岗位上没有做到高效执行任务，不是他没有能力，也不是他不够努力。其根本原因在于他没有将执行融入新的企业文化中。

总之，企业文化对高效执行非常重要。那么，怎样才能将执行融入企业文化中呢？融入之后又靠什么来维护和保障呢？

第一，融入要"用心"。

这里的"心"包括三方面，即基层员工的责任心；中层领导的上进心；以及高层管理者的事业心。"用心"就要做到"三心相映"。

第二，要有坚韧的意志。

把执行融入到企业文化中，需要把"三心相映"切实贯彻到实际行动中。这个贯彻过程，如果没有坚韧的意志，是很难完成的。

第三，保障要靠流程。

假如员工对工作的每一个步骤都有清楚的认识，并意识到自己在流程中的重要地位，他就会明白责任的重要意义，从而做到高效执行任务。

第四，保持持久性需要创新。

企业文化和员工的执行力都不会一成不变，它们的内涵与要求均会随着主客观条件的变化而发生变化。所以，我们应该主动创新，既让二

者适应社会的变化，也让二者之间协调统一。

　　每一种行为都将产生某一种结果。能否将执行转化成为一种文化，会决定你是成为公司的佼佼者，还是碌碌无为的人。企业文化的作用是多方面的，它是你执行过程中的教练、助推器、指明灯。将执行融入企业文化中，你才能做到高效执行任务，才能迅速地完成任务。

微信扫码

☑拓展视频　☑图文资讯
☑趣味测评　☑阅读分享

第二章

执行重在到位

一个目标的成败不仅和目标的设计有关，更和执行有重大干系。如果执行不到位，即使设计的目标再好，它也只是纸上蓝图。唯有将执行做到位，我们才会实现最终的目标。

贝聿铭是著名的美籍华人建筑师，一生杰作无数。但是，在他看来，北京香山宾馆是他一生中最失败的作品。实际上，贝聿铭的设计并不失败，而且还非常具有艺术感。在设计中，他对宾馆每条水流的流向、流量、弯曲程度都有精确的规划；对每块石头的重量、体积以及如何叠放都有详细的说明；对鲜花的种类、数量、摆放，以及随季节变化需要调整的部分都有周详的安排。不过，工人们在施工时对这些毫不在意，根本没有意识到只有将这些"细节"做到位才能体现出整座建筑的独特和精华。结果，水流被随意调整了，石头的叠放也显得毫无章法，而且在后期管理中，经营者还任意改动原建筑。看到自己的心血被糟蹋成这个样子，无怪乎贝聿铭会痛心疾首了。因为执行不到位，一个本可以成为艺术品的建筑变成了乏善可陈的房子。执行，尤其是重要的执行，它的成败对整个工作有重要影响。而且，执行一般都需要投入大量的人力和物力，成本比较高。如果执行不到位，就会对全局造成重大损害，甚至带来比不执行更严重的损失。1996年，华为开始开拓俄罗斯市场。由于爱立信、西门子等跨国大公司已经把市场瓜分殆尽，加之华为的知名度并不高，整整四年，华为在俄罗斯没有接到一张订单。不过，华为并没有放弃，依然在努力开拓市场，并逐渐有了起色。2002年，华为的技术员工受一家运营商的邀请来到莫斯科，准备开通一个3G海外试验局。不过，华为的设备只是这家运营商的备选而已。

在项目开始后，运营商根本不重视华为，也不为他们提供必要的工作场所和工作设备。华为的技术人员虽然压力很大，但他们一直在思索如何将项目做得更完美，以此赢得运营商的信任。后来，运营商青睐的那家大型跨国公司在业务演示中出现了纰漏。此时，运营商不得不把目光投向华为。华为的技术人员抓住了这个机遇，最终完美地演示出了自己的3G业务，得到了运营商的肯定。华为的3G设备从备用升级到了主用。

当然，在这件事中，华为的做法值得赞赏和学习。不过，我们更应该反思的是那家大型跨国公司的行为。他们为了这个项目也付出了大量的人力、物力、财力，做了众多前期工作，但仅因为演示工作没有做到位，而导致自己输掉了整个项目，以致前面的所有努力都白费了。这不正是"执行不到位，不如不执行"的生动写照吗？

面对工作中出现的问题，很多人也采取了措施，问题看似是解决了，但实际上不过是从这里转移到了别处，或者只是解决了大问题中的一个小问题。举个例子，工厂的机器坏了，负责维修的工人通常只做最简单的检查，只要机器能运转就行。至于机器是怎么坏的，是否还有其他的潜在毛病，他们一律不关心。只有当机器彻底坏了时，才会引起他们的重视。这也是一种典型的工作不到位的工作作风，结果只能是浪费资源，降低工作效率。

在职场中，执行到位的人最受老板欢迎，升迁也最快。而执行不到位，不仅使自己不能很好地完成任务，还会给他人带来麻烦，甚至使整个团队的工作进程都受到影响。对于上司布置的任务，如果你执行不到位，上司就会派其他的人进行修改或重做，这会占用其他人的工作时间。如果其他人没有时间，你的上司就要去做。从经济学上说，公司聘请你的上司所花费的成本远在你之上，他一小时创造的工作价值甚至比你一天创造出来的工作价值都要高。从这个角度上来讲，工作执行不到位是对公司资源的极大浪费。没有哪个老板希望这样的事情发生。

"做了"不等于"做好了"，只有将工作执行到位，才算是真正完成了任务；如果执行不到位，那就不如不执行。

02 "差不多"是"差很多"

在生活中，到处都能听到"差不多""似乎""好像""大概""估计""应该"这样的词语。职场中，工作时马马虎虎，不狠抓落实，执行不到位等现象屡见不鲜。究其发生的原因，就是"差不多先生"的理论作祟：不用太认真，差不多就行了。

早在1924年，胡适先生就为"差不多先生"写了一篇传记，形象地描绘了这种人的心态。在文中，胡适先生这样写道：

他（"差不多先生"）常常说："凡事只要差不多就好了，何必太

精明呢？"他在学堂的时候，先生问他："直隶省的西边是哪一个省？"他说是陕西。先生说："错了，是山西，不是陕西。"他说："陕西同山西不是差不多吗？"

后来他在一个钱铺里做伙计，他也会写，也会算，只是总不够精细，"十"字常常写成"千"字，"千"字常常写成"十"字。掌柜的为此常常骂他，他只是笑嘻嘻地说："'千'字比'十'字只多一小撇，不是差不多吗？"

有一天，他忽然得了一种急病，叫家人赶快去请东街的汪大夫。家人急急忙忙地跑去，一时寻不着东街的汪大夫，就把西街医牛的王大夫请来了。"差不多先生"躺在床上，知道寻错了人，但病急了，身上痛苦、心里焦急，等不得了，心里想道："好在王大夫同汪大夫也差不多，让他试试看吧。"于是这位牛医王大夫走近床前，用医牛的法子给"差不多先生"治病。不一会儿，"差不多先生"就一命呜呼了。

在企业中，"差不多员工"也不在少数。在布置任务时，如果领导反复强调工作一定要做到位，"差不多员工"就不满了，他们嘀咕着："有那个必要吗？差不多就行了，不用太认真。"之所以这些员工会有这种"差不多"的心理，就在于他们没有意识到"差不多"其实是"差很多"。下面两个事例可以充分说明这个问题。

其一，一家房地产公司的工程师，为了拍摄一个建筑项目的全景，不辞辛苦地走了5里地，然后爬到山上，将这个建筑和建筑周围的景观都清清楚楚地拍了下来。其实，他站在那个建筑项目旁边的一个高楼上也可以拍下全景。当有人问他为什么不这样做时，他说："回去后我会接受董事会成员的提问，只有把项目的全部情况都告诉他们，我才算完成任务，否则就是工作没做到位。"站在楼上拍，看似也能拍出建筑项目的全景照片，却拍不全它周围的景观。如果他所站立的楼在建筑项目的西边，那么在照片中，建筑项目西边的情况就会被遗漏。所以说，在工作中只有做到100%才算合格，哪怕做到99.99%都是不合格的。

其二，两个年轻人甲和乙从乡下来到一座大城市，在同一个社区里以卖菜为生。几年之后，两人的生活有着天壤之别：甲成为蔬菜批发商，个人资产高达数百万；乙却三餐不继，被迫回到了乡下。

比较一下这两个人在卖菜中的表现，就可想而知了。甲在卖菜时总会拿出一点时间把蔬菜中的黄叶子和烂根去掉，蔬菜看上去新鲜、水灵；乙却从不注意这一点儿，在他看来，差不多就行了，蔬菜中怎么可能没有黄叶子、烂根呢！甲时不时地收拾菜摊，各种蔬菜总是堆放得整整齐齐，便于顾客挑选；乙每次都是把蔬菜往摊位上随便一放，认为差不多就可以了，反正顾客在买菜时也会把菜翻乱。甲每天在摊位上的时间都比其他人多半小时，尽量把菜全部卖出；乙则认为差不多就行了，今天卖不完，还有明天呢。就这样，乙总以为差不多就行了，最后与甲相比，他差了很多。

"差不多"是"差很多"。水烧到99℃，并不是开水，其经济价值有限，如果再添一把火，水温由99℃变成100℃，那么水就会沸腾起来，并产生大量水蒸气。水蒸气在工业中有广泛的用途，所以100℃水的商业价值是99℃水的数倍。许多人做事总是做到99%，殊不知就是那差的1%，让他们在事业上难以取得成功。

成功者在做事时总是力求做到最好，从不敷衍了事。所以说，我们应该提高工作的标准，严格要求自己，做就要做到最好，执行就要执行到位，绝不能是差不多就好了。只有你比其他人做得更出色，才能引起他人的关注，进而获得良好的发展平台，实现自己的人生价值。

03 执行要到位，责任先到位

执行要到位，责任必须先到位。南京是六朝故都，境内古迹无数。有一段古城墙修建于明太祖朱元璋时期，前来参观游玩的人都会发现一个很特别的地方：古城墙的砖上刻着人名。据考证，砖上的人名是负责砌城墙的工匠的名字，哪段城墙出现了问题，就要追究相应工匠的责任。几百年过去了，城墙经历风雨，依然屹立不倒。可以想象，当年修建时，工匠们有多么用心。当责任刻到每一块砖上，执行就不可能不到位，墙体就不会不坚固，所谓的"豆腐渣"工程也就不会出现！

其实，每一件工作，不论大小，都要讲求责任到位。责任不到位，执行必定缺位。如果责任不到位，人的执行就没有力度，仿佛一盘散沙，不仅执行效果大打折扣，也会使整个团队没有凝聚力。一位著名的管理大师说过："任何的高绩效都需要你首先担负起责任。各种分析显示，所有高绩效人士，身上都有一项共同的品质，那就是他们能够担负责任。"

一名优秀的员工一定是具有高度责任心的员工。也可以这样说，一个员工之所以优秀，主要就是因为他有责任心，并把责任放在执行的首位。责任能给人力量和勇气，让人在艰难困苦的环境中坚持下去，直至成功地完成自己的任务。因为在责任的驱使下，一个人的执行能力会变得特别强大，所以才会出色地完成任务。

工作是一种责任。职场中最愚蠢的行为就是忘记责任、推卸责任。因为工作业绩和责任息息相关。如果一个人像懦夫一样，没有承担责任的勇气，那他就无法改变糟糕的局面，更谈不上出色地完成任务。美国总统里根曾说过："一个人要勇敢地承认自己的错误，更要勇敢地承担自己的责任。只有勇于承担责任的人，才能成为一个大有作为的人。"

一家公司的提货单上出现了数据不实的错误。面对客户的指责，负责制作提货单的员工竟然若无其事地说："这完全是电脑的错，与我无关。"接着，他嘟囔道："真是小题大做。"看看他不负责的态度，听听他不负责的语言，如果你是客户，你还会光顾这家公司吗？如果你是老板，你允许这样的员工在自己的公司上班吗？

保罗是美国塞文事务电器公司的董事长，他说："我曾不止一次地嘱咐我的员工，一定要养成勇于承担责任的习惯。如果员工有这样的表现：交货延期，他把错误归结到仓管部门；运输不及时，他认为是运输部门的错；质量不合格，他把责任推到质检部门。只要被我发现，我就会开除他。我不能允许员工把'这不是我的责任'这句话挂在嘴边。可以肯定，这样的人不关心公司发展，也没有高效的执行能力。"

面对工作中出现的问题，一个勇于负责的员工不会说："这不是我的问题，错误与我无关。"他们只会勇敢地面对问题，用一种积极的心态解决问题，并设法将问题带来的损失降到最低点。

不要说"我做不到。"每个人都拥有无限的潜能，唯有责任才能将潜能激发出来。因此，你必须强迫自己承担责任，全力以赴地解决问题。当然，在解决问题的过程中，你需要战胜各种困难才能出色地完成任务。当你走过这个过程，经历一次历练后，你会惊讶地发现，自己的执行能力已经大大提高了。

查理要去纽约出差，于是打电话预订了纽约某家酒店的一个房间。三天之后，他带着行李箱来到这家酒店要求入住。但是前台工作人员告诉他，因为临时接待了一个旅游团，酒店已经住满了人，所以他的预订被取消了。不管焦急万分的查理如何询问，工作人员都只有一句话："酒店已经没有空的房间了，我也无法给你变出一间房子，所以十分抱歉。"在她看来，查理被取消预订与她无关；至于查理住在哪里，那也不是她需要解决的问题。

于是查理发誓再也不来这家酒店了，就在他愤怒地要离开这里时，旁边的一个工作人员说："饭店的确没有空房间了，您的预订被取消是我们的错。为了弥补过失，我会为您在附近同等级的酒店里找一个房间。现在请您到餐厅里休息一会儿，我们会为您免费提供一份套餐。找到房间后我会马上通知您，并亲自带您过去。"听到此话后查理的愤怒顿时消失得无影无踪了。以后，他每次来纽约，都光顾这家酒店，还介绍自己的朋友来，并且只接受这位工作人员的服务。经理知道这件事后，将这位工作人员提升为客房经理。而那位一味推脱责任的工作人员则被辞退了。

从上面这个事例中可以看出，如果没有责任心，执行是很难到位的。你应该明白，公司里的每一项工作都与你有关，都是你应该承担的责任。因为，你是公司里的一员，公司的发展情况与你息息相关。实际上，对工作负责，就是对自己负责。如果你想做到出类拔萃，获得更广阔的发展空间，那就把责任带到执行中。久而久之，你就会发现，自己的工作效率越来越高，业绩越来越出色，成功与自己并不遥远。

假设有一个池塘，里面全是将要开放的荷花。第一天，荷花只开放了一小部分。之后的每一天，它们都会以前一天的两倍速度开放。第30天，全部的荷花都开放了，铺满了整个池塘。现在问你，在哪天荷花开放了一半呢？很多人都会说，当然是第15天时。不过，这是错误的答案！第29天，荷花才开放了一半，最后一天荷花会开放另一半。这最后一天的开花量，是前29天的总和。你看，只差一天，成功也不会到来。越到最后，事情就愈发关键、重要。正所谓：行百里者半九十。所以，在执行中，一定不可忽略最后一步。这一步往往会决定执行结果的成败。20世纪80年代，我国政府加大了沿海开发力度。一大批年轻人纷纷南下，寻找发展的良机。一个年轻人通过应聘，来到了沿海某城市的一家报社工作。很巧的是，他有一个朋友正在这个城市投资建设开发区，正要拿出83万元在当地媒体投放广告。因为他所在的报社是当地最有影响力的媒体，再加上私人关系，他最终争取到了这项业务。因为业绩突出，报社准备事成之后升他为副社长。

在他朋友的开发区举行奠基仪式的这天，他带上报社里最优秀的摄影师和记者进行拍照和采访，并出动广告部的全体员工为这个仪式营造声势。奠基仪式结束后，他被朋友邀去喝酒，虽然一开始他不想去，但盛情难却，还是去了。在走之前，他交代好了工作中的相关事宜。那天，他们玩到凌晨一点多钟才回家。

第二天早上，他当副社长的梦就破灭了。因为这天他们出版的报纸犯了一个非常幼稚而愚蠢的错误。按照广告计划，报纸头版头条的新闻标题应该是："某某开发区昨日奠基"但实际上的大标题却写成了："某某开发区昨日奠墓"。结果，他的朋友在愤怒之下取消了83万元的广告订单；而且，报社的声誉也因此受了重大影响，一些准备投放广告的客户，纷纷取消了投放计划。

失误是怎样造成的呢？他认为自己派出的是报社最优秀的记者，还有副总编对稿件内容严格把关，所以，他才放心地和朋友喝酒去了。记者的稿子的确写得很好，不过，就是字迹比较潦草，"基"和"墓"看起来非常像。当时，出版业采用的还是铅字排版技术。排版人员接到这份稿件后，把上面的"基"字看成了"墓"字。排版完成后，稿件上交到了副总编手中。恰巧，副总编家中发生了急事，因为要赶着回家，他在仓促之间只看了一眼稿件，认为没有什么问题就签发了，错误就这样造成了。

其实，这项工作一直都做得不错：报社非常重视这个客户，并与客户进行了很好的沟通，还派出了报社里最出色的记者，而且各个环节都有专人负责。不过，在执行的过程中，只是一个小环节没有执行到位，就导致了满盘皆输，报社为此还经历了一场信誉危机。这不正是对"行百里者半九十"的最好说明吗？最后的执行不到位，前面的执行就失去了意义，甚至会造成比不执行还要可怕的后果。所以说，走完九十里并不是快到终点了，充其量只是走了一半。最后的十里是另一半，如果你不能一如既往地走下去，那么你永远也到不了目的地。所以说，在工作中，如果在最后的时刻你没有把工作执行到位，结果往往就会使整项工作失败。

一个大酒店的实习生在工作中遇见了这样一件事：住在酒店里的一位客人去餐厅吃饭，等饭菜上齐后，他的手机响了。客人接完电话后，向她表示，自己必须出去一会，回来后再吃。她说："先生，我们一定会为您留着饭菜。不过，酒店里有规定，点了菜之后需要付账。您可以用现金支付，也可以以签单的方式和房费一起结算。您方便选择哪一种呢？我们希望得到您的理解。"客人见她言辞恳切，痛快地跟她到前台签了单。到了她该下班的时间，那位客人还没有回来。按照一般人的做法，把这件事交代给值班的同事就行了。可是，酒店这么大，客人那么多，值班的人也许会忘记这件事。于是，她就在餐厅一直等客人回来，

并且还让厨房多留一个人值班。客人回来后，她立刻让厨房的人把热好的饭菜端了上来。这位实习生在工作中没有虎头蛇尾，而是善始善终。酒店经理知道这件事后，大力表扬了她。其实，不仅是这件事，对于工作中的每一件事，她都要求自己执行到位，绝不出纰漏。毫无疑问，这样的员工肯定最受老板重视，最有发展前途。后来，这个小小的实习生逐步被提拔为酒店的副总。

总之，要想执行到位，就必须将工作的每个环节都做好，而且必须做到善始善终。只有这样，所有的执行才会有意义，付出的努力才不会被浪费，我们才能走上成功之路。

05 小处不可随便

开学的时候，苏格拉底对学生说："这一年你们需要做一件事，每个人都用力把胳膊往前甩，然后再往后甩。每天做300下，你们能做到吗？"学生们哄然大笑，这太简单了，谁会做不到呢？一年之后，苏格拉底问学生："谁在一年之内坚持每天甩了300下胳膊呢？"而此时，只有一个人举起了手，他就是柏拉图。

在最初听到老师的要求时，这些人觉得很可笑，"这么简单的事，谁会做不到呢？"但就是这样的小事，并没有多少人能做到。苏格拉底的众多学生中也不过只有柏拉图一人而已。如果你仔细观察身边的优秀人士，就会发现他们也要做很多简单的小事，不过，他们不会因为事情简单就敷衍了事，而是认真执行，把所有的事都做到位。

"如果你想使绩效达到卓越的境界，那么你今天就可以达到。不过你得从这一刻开始，摒弃对小事无所谓的恶习才行。"这是一位高效人士对执行的一番总结，正所谓"小处不可随便"。因为每项工作，都是由众多小事构成的，对小事敷衍或懈怠，就会对全局产生不利的影响。

在工作过程中，一般人只会注重大的方面，而不留意小的细节。但是，很多时候，灾难和事故往往来源于那些被我们忽略的细节。在小处随便，有时候就会酿成人间惨剧。

1994年12月8日，为了欢迎新疆维吾尔自治区教委检查团的到来，克拉玛依市教委组织了700多名师生、家长在友谊馆剧场进行文艺汇报演出。

在演出进行到两个多小时的时候，舞台上的一盏照明灯烤燃了附近的纱幕，大火瞬间着了起来，电也因此而中断，现场顿时一片混乱。出于求生本能，大家在火光中都向安全门跑去。但是，原本开着的卷帘门在断电不久后就落了下来，安全出口被封死了，而其他的安全门都被锁着，佩戴钥匙的工作人员又不知去了哪里。就这样，整个友谊馆剧场变成了一座封闭的火炉，人们的生命危在旦夕。如果此时能打开安全门，就等于打开了生命之门。更糟糕的是，赶到的消防人员发现自己携带的工具并不足以打开紧闭的安全门，不得不再返回去取工具。经过一番周折，门虽然打开了，但是325人被大火夺去了鲜活的生命，其中有288人是天真烂漫的孩子。

这人间惨剧发生的原因除了被媒体披露的之外，还有一点教训值得我们永远铭记，那就是不要轻视细节、在小处随便。

电工没有仔细检查照明设施，结果引起了大火；工作人员没有坚守岗位，结果封闭了人们的逃生之门；消防人员没有从根本上重视火警，结果致使最宝贵时间被延误了……

任何工作都没有大小之分。在执行中，我们只有把每一件小事都当成大事对待，不忽视每一个细节，才能把工作完成得尽善尽美，才算是做到了执行到位。

美国总统尼克松在回忆录《领导人》中，评价周恩来是"我们时代最有造诣的外交家之一"。在外交事务中，周总理总是把工作做得非常精细、到位。即使是毫不起眼的小处，也绝对不会以随便的态度处置。

一次，国家安排在北京饭店为外宾举行宴会，从会场布置到宴会流程，甚至饭菜安排，周总理无不亲自过问，力保每个环节都不会出现纰漏。总理在了解饭菜准备情况时，一一过问饭菜的原料以及口味，当知道当晚点心的馅是三鲜馅时，他立马严肃地说："如果有客人对海鲜过敏怎么办？赶紧换掉！"周总理正是凭着一贯注重细节、做好小事的精神，才成为了那个时代最出色的外交家之一。

人们往往都只愿意做大事，而不愿意或者根本不屑于做小事。但实际上，随着科技的进步，社会分工越来越细，专业化程度越来越高，所谓的大事已经很少了。比如说，一台农用拖拉机，总共有五六千个零部件，需要几十个工厂协作生产；一辆福特小轿车，总共有上万个零件，需要几百家企业协作生产；一架"波音747"飞机，总共有四百五十万个零部件，涉及的企业就更多了。对于这些部件，哪一个都不能轻视，必须严格做到符合质量要求，否则产品就无法出厂。

忽略了不该忽略的小事，就会导致整件事无法达到预期的目的。所以说，小处也不可以随便。不管大小，只有把事情的各方面都做到位了，才算是真正的执行到位。

06 做事要全力以赴

一天，猎人带着猎狗去丛林中打猎。猎人瞄准一只兔子后扣动了扳机，可惜只打中了兔子的后腿。受伤的兔子拼命逃跑，猎狗在后面紧追不舍。可是没一会儿，兔子就不见了，猎狗只好回到猎人身边。猎人责骂猎狗："你真笨啊，连一只受伤的兔子都追不到！"猎狗听后很不服气，说："我已经尽力而为了！"兔子跑回洞里，它的家人都围过来，问它："那只猎狗非常凶猛，你又负伤了，怎么能逃回来呢？"兔子说："它是尽力而为，而我为了活命不得不全力以赴啊！生活中，也有一些人在执行过程中遭遇到挫折后，总是找理由为自己开脱。他们说得最多的一句话就是："我尽力了"，因此而原谅了自己。结果呢？失败也就成为他们的常客！对想要完成任务的人而言，尽力而为远远不够，我们需要的是全力以赴。

科林·卢瑟·鲍威尔是美国第一位黑人国务卿。他出身贫寒，年轻时，为了生存，不得不从事一些繁重的体力工作。

有一年夏天，鲍威尔在一家汽水厂洗瓶子。工厂规定，每个洗瓶工每天必须清洗500个汽水瓶。洗瓶工们大都抱怨工作量太大，但鲍威尔始终任劳任怨，从未有过半句怨言。

一天，工厂临时接到订单，要求在后天供应一大批汽水。为了赶制汽水，老板要求他们这两天每天清洗1000个汽水瓶。工人们纷纷表示：每天清洗500个已经很牵强了，更何况是1000个！这根本就不可能完成。但为了按期交货，老板的态度也很坚决。日落西山，工人们愤怒地说："不干了！谁能洗得了1000个啊！是老板的要求不合理，跟我们无关！"说罢，扔下手里的活儿离开了。

第二天一大早，当老板与工人们到达工厂时发现，鲍威尔仍然坐在那里忙碌着，好像从未变过姿势，而在他的周围，摆满了晶莹的汽水瓶。老板惊讶地问："鲍威尔，你昨晚一直都没离开吗？你洗了多少个啊？"鲍威尔抬头道："是没回去，一共洗了1915个。"老板惊叹道："天啊！你是怎么做到的？""我只是全力以赴而已。"鲍威尔腼腆地说。没过多久，鲍威尔就被老板提升为销售部主管。

无论处在何种地位，鲍威尔一直全力以赴地工作着。在白宫上班时，他往往是最早到办公室又是最迟下班的人。一个出身寒微的黑人最后当上了美国国务卿，这就是全力以赴的神奇所在。

在职场中，总有人抱怨自己的业绩不突出。与其抱怨，不如静下心来想一想，"自己在解决问题时想尽所有的办法了吗？""自己是否真的做到了全力以赴呢？"实际上，很多人失败就是失败在做事不全力以赴。不管你如何想提高工作业绩，如果你不改变敷衍、应付的工作作风，失败就会接踵而至。只有全力以赴地执行任务，才有可能出色地完成任务。在职场上，把执行做到位的员工没有一个不是全力以赴的。

在执行任务的过程中，任何人都不可能一帆风顺，总会遇到这样或那样的困难。这些困难好比一座座山峰，如果我们不全力以赴地攀登，就只能在山脚下哭泣。只要我们保持满腔热情，全身心地投入到工作中，那么就不会有跨不过的高山。

戴尔·泰勒是美国西雅图一所著名教堂里的牧师。一天，泰勒向教会学校的学生们发出了"悬赏"公告：凡是能背出《圣经·马太福音》中第五章至第七章的全部内容的人，都会受邀去西雅图"太空针"高塔餐厅，免费品尝那里提供的大餐。可是，需要背诵的内容多达数万字，而且不押韵，这对孩子们而言难度非常大。许多学生要么就直接放弃了，要么浅尝辄止。

几天后，一个11岁的小男孩主动找到戴尔·泰勒，并在他面前一字不落地背诵了全部的内容。而且，整个背诵过程十分流畅，就好像他在照着《圣经》读一样。泰勒十分震惊，因为在成年的信徒中，能背诵此篇幅的人也非常罕见。他对男孩的记忆力表示了由衷的赞叹，然后问

他："你为什么能背下这么长的文字呢？"小男孩立刻回答道："因为我全力以赴。"

十几年后，那个小男孩成了世界著名软件公司的老板，他就是比尔·盖茨。可见，只要你全力以赴，没有什么事情是不可能的。

在积极心态的驱使下，全力以赴能让人突破极限，创造奇迹。我们可以这样说，全力以赴是工作中最能令人强大的力量，它能推动一个人不停地向前奋进。一个人如果有了全力以赴的工作精神，他就会把完成工作当成自己的使命，在工作中投入百分之百的热情，从而取得卓越的成绩。

所以有人说："全力以赴是逆境的克星，因为它能让你咬紧牙关坚持下去，不管你被击倒多少次，它都能支持你再一次爬起来。所以，只要你的目标已经确立，在执行中除了全力以赴，你别无选择。"

07 及时跟进、检查工作

在职场中，存在着这样一种特殊的人群：这些人得到的任务指示既明确又具体，他们的能力也很高，可是，他们的执行却不能到位，只能一直在底层挣扎而得不到升迁。这是什么原因呢？事实表明，这些人执行不到位的根本原因是他们在执行任务的过程中，没有及时跟进、检查自己的工作。因为执行需要一个过程，并不是一蹴而就的。所以，工作进行了一段时间后，执行可能会偏离原来的轨道，这时，如果你没有跟进、检查工作，那么就算你误入歧途也不自知。如此一来，产生执行不到位的结果也就不足为奇了。

所以从某种程度上说，如果"跟进、检查工作"得不到重视，再明确的工作指示也会失去意义。正如一位知名的人力资源专家所说："执行不是常人所想象中的简单的'做事情'，也不是那些能够完成和不能够完成的东西。执行的真谛和核心是'做正确的事情'，并'把事情做正确'。及时跟进、检查自己的工作，是对'把事情做正确'的确认和总结。"

朱莉娅毕业后来到一家知名的报社做记者。年轻而富有才华的她准备大干一场，用成绩证明自己的实力，在报社闯出一片属于自己的天空。

一天，朱莉娅发现总编焦急万分，便主动问有什么可以帮忙的。事情是这样子的：杂志临时扩版致使人手不够用，三版的《每日论坛》栏目还缺少一篇对当地某医学专家的采访文章。朱莉娅听后主动请缨，说："我对医学知识非常熟悉，有能力做好这个采访。"最后，主编答应了。当然，她明白时间非常紧迫，自己必须马上行动。

回到办公室后，朱莉娅立刻上网收集相关资料。也许是太兴奋了，或者太着急了，她在输入搜索关键词时把那位医学家的名字漏输了一个字母。结果，朱莉娅搜到的是另一位医学专家的资料。

由于时间紧迫，她只是匆匆浏览了一遍资料，然后就制作采访提纲，并马上登门采访那位医学专家。采访过程中，朱莉娅发觉专家所说的内容与她所掌握的资料好像不一致。不过，她并没放在心上。采访回来后，朱莉娅把收集的资料和采访的材料相结合，再加上自己的见解，连夜写好了这篇采访稿，并刊登在报纸上。

第二天早晨，这篇漏洞百出的文章引起了轩然大波，很多读者都对报社不负责任的态度表示了强烈的谴责。最后，为了挽回声誉，报社不得不公开向社会和两位医学专家道歉。当然，朱莉娅不可避免地受到了严厉的惩罚。

其实，朱莉娅所犯的错误完全可以避免。只要她在执行任务的过程中，及时跟进、检查自己的工作成果，就不会发生这样的事了。只可惜，处于极度兴奋之中的朱莉娅没有这么做。

及时跟进、检查自己的工作是执行到位的有力保障。就算你是最卓越的员工，跟进、检查工作也是必不可少的。

及时检查工作都应该检查哪方面的内容呢？一般来说，应该检查以下内容：目标有没有出现偏差；自己的执行是否依然在按照原定的计划进行；对于工作过程中出现的意外情况，是否已有了妥善的解决方法；自己的工作效率是否与整体工作进度一致。

为了方便跟进、检查工作，在执行之前，最好先制订一份详细的执行计划书，并写明需要检查的内容。这样，检查的内容就有了直观的对照。跟进、检查工作也就变得简单而易于执行了。

每个人身上都有惰性，在执行任务过程中，有时就会让惰性占了上风。因此，在执行任务的过程中，最好有督促和鞭策我们的力量，使我们战胜惰性，勇往直前。所以，在执行的一开始，我们就应该假定只要完成了执行计划书上的每项检查内容，就能使执行到位，可以以此来激励自己。在此处，使用"假定"这个词的原因是，制订附有"检查内容"的执行计划书并不是万全之策，不能让我们高枕无忧。它无法保证你的执行一定能够到位，因为执行过程中，主客观情况都处在变化之中，这就为执行增加了变数。这种变数可能会成为你执行过程中的阻碍，有时甚至还会迫使你改变计划好的工作流程。对此，我们必须提高警惕。当然，这也从另一方面说明了"及时跟进、检查工作"的必要性和重要性。

只有及时跟进、检查自己的工作，才不会使自己的工作偏离正

确的轨道，才能做到执行到位。跟进、检查不仅能让你出色地完成任务，还能让你发现自己在执行过程中存在的问题，及时改正，从而提高执行能力。

08 学会使用备忘录

一些刚刚进入职场的年轻人，非常看不惯那些使用备忘录的同事。特别是在会议中，看到同事把一些非常简单的小事也记到备忘录上，于是就直接否定了这个人的工作能力。他们不用备忘录，因为他们觉得自己记忆力超群。可是俗话说得好，"好记性不如烂笔头"。一个人记性再好，他能记住一天，能记一年吗；这件事能记一年，所有的事都能记一年吗？随着时间的流逝、其他事情的加入，我们肯定会淡忘一些之前记住的事。而淡忘的这些事，就可能会对你的执行产生影响，让你的工作做不到位。

实际上，这些人之所以轻视备忘录，主要是因为他们对使用备忘录的好处没有清醒的认识。首先，你往备忘录上记工作的时候，就会在记录的过程中加深对工作的印象。其次，使用备忘录，能让你把工作安排得井井有条；能提高你的工作效率，把工作执行到位；还能为你的形象加分，得到上司的青睐，从而增加晋职的机会。老板不会喜欢在开会时两手空空的员工，只要你拿着备忘录，记些什么，他就会认为你是一名认真、负责的员工。

备忘录除了具有上述作用外，它还具有核对功能。当上司布置完任务后，你可以按照你的记录重复任务的要点，以核对你理解的和上司交代的是否一致。这样，就不怕工作在一开始就背离轨道，对执行也大有益处。在日后执行中，你还可以按照备忘录上的记录，检查自己的工作状况与工作进度，检查有没有被遗漏的工作项目。

同时，因为你记录了上司所布置任务的重点，就可以减少日后在工作中产生的，像"有没有交代？""有没有听到？"之类的困扰，让你心无旁骛地执行任务。

既然使用备忘录的好处这么多，那怎样使用备忘录才能让备忘录发挥出最大的作用？这里，为你介绍一种6W3H记录方法。

不过，在记录的过程中你需要注意这些问题：如果有不明白的地方，要向上司询问，做到明白无误，这叫确认；你还应该尽量使用具体的词语而不是抽象的词语与上司核对，这一步叫检验理解，但是，在此过程中，你尽量不要打断上司的讲话，等他把话说完后，再提出自己的意见或疑问。

明白了这两点之后，你可以用6W3H的方法进行记录了。你可以完全信任它，因为这是一种被证实了的科学有效的记录方法。

What——指需要做什么，完成后的工作是什么样的；

When——指完成整件工作需要的时间和完成各个步骤需要的时间；

Where——通常指各项工作发生的场所，以及完成工作的场所；

Who——指与工作有关系的对象；

Why——指执行这项工作的理由和目的，以及工作的依据是什么；

Which——根据前面的5个W，制订方案和计划；

How——指方法、手段，也就是说怎样才能完成工作；

How many——指这项工作具体有多大，以便能够"细化"工作；

How much——指工作需要的预算和费用。

如果你能按照这个方法使用备忘录，那么你的记录就是完整而科学的。当然，做记录只是提醒自己而已，所以，记录也没有必要过于全面，只要写上要点，自己能看懂就可以了。不过，你不能用一两个字记录一件事情，至少要使用比较完整的语句。如果记录不够完整，那么时间一长，只凭一两个字，你不可能想起自己到底写的是什么。就算你当时没有时间详细地记录下来，也要在淡忘之前把记录补全。也许有人会说，我使用笔记本就可以了，何必用备忘录呢？在工作任务比较少的时候使用笔记本确实没有问题。但是，笔记本有一个弊端，就是不容易撕掉，事情一多，用笔记本就不容易处理了。因为完成的工作不能把它撕掉，最多用横线划掉来代表完成，但是有时每页里会留下几件还没有完成的工作。时间一长，随着笔记本使用页数的增加，整理遗留的工作就会越来越费事。所以，你应该使用备忘录，而尽量避免使用笔记本。

备忘录，不是记录下来就大功告成了，记录下来的事情应该经常拿出来看，并随时加以整理，这一步骤非常重要。假设，你平均一天用十张零星备忘纸，这些纸片如果不利用、不整理，不管你当时记录得多

么完美，它也只是一堆废纸。所以，你上班后的第一件事就是把前一天的备忘录拿出来进行整理。当然，你也可以在一天工作结束之后做这件事情。

放弃小聪明，养成使用备忘录的习惯，你就能体会到使用备忘录带给你的诸多好处，这时你就会相信：不管一个人多聪明，也要使用备忘录。因为它能提高一个人的工作效率，并让他的执行做得非常到位。

09 最想放弃时最不能放弃

一个士兵带着食物穿越沙漠，七天七夜后，他依然没有走出沙漠。剩下的食物只能维持一天，而他已经精疲力竭了。士兵想：反正也走不出去了，就没有必要忍饥挨饿了，还是把剩下的食物都吃掉吧。于是，他不仅吃光了所有的食物，还停止了前进的脚步。后来，他的伙伴在他止步的地方发现了他的尸体。其实，那个地方离绿洲不过还剩几十里路，士兵只要一天就能走出来。这个故事告诉我们，在最想放弃的时候，一定不能放弃。因为生活没有绝境，只要你不放弃，生活就不会放弃你。每个人都拥有巨大的潜能，当我们处在最痛苦、最艰难之中时，往往最能激发出自己的潜能。此刻，只要我们不放弃自己的目标，继续努力前行，绝望一定会成为希望的开始；危机的尽头就是转机；山穷水尽之时，柳暗花明就会到来。莎士比亚曾说过："千万人的失败，都失败在做事不彻底上，往往做到离成功尚差一步就终止不做了。"是啊，在困境中，只要我们坚持下来，哪怕只坚持一小会，就会看到胜利的曙光。如果一个人不轻言放弃，而是用坚强的毅力战胜困难，那么他就一定不会被生活抛弃，因为天助自助者。坚持下去，最想放弃的时候恰恰最不能放弃，因为胜利就在不远的前方。

彼德·戈柏在电影界具有举足轻重的地位，由他拍摄、监制的多部电影都获得了巨大的成功。一家权威媒体在评价他时说：他之所以能在竞争如此激烈的电影行业中稳稳占据一席之地，并对电影的发展产生重大影响，一方面是因为他具有独特的眼光，另一方面就是因为他有一般人所不及的毅力，不管现实多么艰难，他总会坚持下来。

以他开拍电影《蝙蝠侠》为例，在影片开拍之前，许多片厂主管都对这部片子不屑一顾。在他们看来，只有小孩子和《蝙蝠侠》这部漫画的书迷才会掏钱进入电影院，观影者极其有限。在拍摄的过程中，彼德·戈柏遭受了无数次打击，这部影片差一点就"胎死腹中了"。不过，彼德·戈柏顶住了所有的压力，一直坚持拍摄，并最终完成了影片。影片一上映，就引起了强烈的反响，人人纷纷走进电影院欣赏这部精彩的影片。《蝙蝠侠》成为电影史上最卖座的影片之一。

经过多年的努力，戈柏深深明白了一个道理：一个人应该具有锲而不舍的精神，只有坚持到底、永不放弃才会获得成功。

有些人在设定目标后往往希望立即就看到结果，这些人时常会在困境面前"举手投降"，并且放弃得极快。事实上，达到目标往往需要一个过程，只有有毅力、不放弃的人，才会走完这个过程，到达胜利的终点。我们都明白，人生并非事事如意，在前进的过程中，挫折、压力等都在所难免。如果我们因此而放弃，或者另寻其他，往往很难有所作为。

这个道理同样适用于职场中。在职场中，很多人工作业绩不突出，不是因为自身能力低，也不是不热爱工作，而是因为缺乏坚持不懈的精神。这些人在工作中，往往虎头蛇尾，不懂得善始善终。他们很容易就对自己的目标产生怀疑，于是导致行动也处在犹豫不决之中。比如，他们看准了一件事情，信心十足地去做，可是在过程中又觉得应该先做另一件事，于是立即转做其他事情。他们时而自信满满，时而灰心失望。这些人也许会取得一些成绩，但那只是暂时性的，从长远来看，他们注定是失败者。

开始一件工作，需要我们具备决心和激情；完成这份工作，就需要我们具备恒心和毅力。缺少决心，工作无法开始。如果只有决心和激情，而没有恒心和毅力，那么工作永远也不能完成。

在工作中，每个人都会有一些还没有完成的工作，如一份未做好的策划案，或者是一份未写完的稿件等。那么，就让我们把这些未完成的工作找出来，然后一心一意地完成它们。你会发现，在完成它们之后你会收获莫大的满足感和成就感。未完成之前，它们没有任何意义；一旦你完成了，它们就是你的工作业绩。很多任务不是我们完不成，而是我们不愿意坚持做下去。只要多付出一些精力和时间，你就会发现任务并非想象中的那么艰难。做事要善始善终，在最想放弃的时候决不放弃，这样，个人才会进步、企业才会发展。如果只是抱着"下一份工作"的

想法，工作起来有始无终，那我们就会一直处在寻找"下一份工作"的
过程中。

　　不放弃会带给你非凡的智慧，让你在困境中找出解决问题的方法，
从而脱离困境，走出一片新天地；不放弃会赋予你非凡的勇气，不管有

多大的困难，你都会昂首面对，俗话说"狭路相逢勇者胜"，胜利一定会属于你；不放弃也能让你抓住成功的机遇，因为危机中往往蕴含着转机，只要你不放弃，勇往直前，绊脚石就会成为你的垫脚石，助你最终取得成功。

面对工作中出现的问题，即使我们一时无法解决，也不能就此放弃。放弃，就意味着我们没有把工作做到位；在老板的眼中，我们就会成为没有能力胜任这项工作的人。这对我们职业生涯的发展极为不利。总之，放弃就是失败，坚持才会成功。

微信扫码

- ☑ 拓展视频　☑ 图文资讯
- ☑ 趣味测评　☑ 阅读分享

第三章

成为解决问题的高手

01 了解工作，接受现实

美国通用电气公司总裁韦尔奇认为："一个工人最重要的素质就是他的工作速度。"所有的老板都非常明白，在其他条件相同的情况下，工作速度代表着一个员工的执行能力。然而，一个人要想具有高效的执行力，就必须有能力解决工作中出现的问题。而要解决问题，就必须先了解自己的工作。

不要认为自己非常了解自己的工作，可以这样说，大部分员工虽然倾情投入到工作中，但实际上并不了解自己的工作，他们不过是接受了命令，然后按照指示做出一系列机械的行动罢了。

当然，这里所说的"了解工作"，并不仅指一个人知道自己的工作性质和工作宗旨。"了解工作"的真正含义，还应该包括你清楚工作的发展方向，知道自己在做什么，以及执行的效果，和工作进度对整个项目的影响等。

怎样才能做到真正了解工作呢？那就是：建立和老板的沟通渠道，善于发问，并能做到虚怀若谷。要想成为解决问题的高手，就必须要具备这样的素质。此外，作为职场中的一员还必须懂得利用同事间的良好人际关系，对工作做进一步了解。"你能讲一讲有关的情况吗？""你有什么不同的看法吗？""你认为解决这个问题的着手点应该在哪儿？""你能帮我解释一下这句话吗？"等等。这些问题往往会使我们对工作有越来越清晰的认识，能够从整体上全面把握工作。

随着我们对工作了解的深入，不难发现，工作中还存在着诸多的困难。于是在职场中又有了这样的情景：一些人大谈特谈工作的前景和优势，却避而不谈工作中有可能会出现的困难。如果问他对工作中可能会出现的困难是否有准备时，他们的回答总是闪烁其词。

每个人的一生都不可能一帆风顺，工作上也是如此。对于工作中出现的困难，如果你只是一味逃避，那么困难就会一次又一次地主动造访你。实际上，逃避只能让困难变得更复杂，而无助于解决问题。

那为了解决问题应该怎么做呢？答案很简单，就是鼓起勇气，接受现实的挑战。1940年9月，纳粹德国开始轰炸英国。当时，纳粹分子已经控制了整个欧洲大陆和北非，而美国又保持中立，所以，人们都认为英国无法抵御纳粹强大的火力。但是，英国首相丘吉尔却不这样认为，他说："大不列颠是一个伟大的国家，在与敌人的斗争中一定能生存下来，并取得伟大的胜利。"他为了鼓舞全国人民的士气，还说："我们下定决心，一定能将希特勒的纳粹统治摧毁。对于这一点，没有什么能改变我们，没有！我们决不屈服！决不向希特勒或他的追随者投降！……"

目标虽然很美好，但是丘吉尔并没有忘记严峻的现实。为了迅速地获得战报，并保证战报的准确性，丘吉尔在普通的信息渠道之外，又建立了一个完全独立的部门——"统计局"。在抗击纳粹轰炸期间，丘吉尔就是依靠"统计局"获得的准确战报，制订出正确的迎击策略，最终战胜了前来侵略的纳粹分子。

尽管这只是一个特殊的历史事件，但并不妨碍我们把蕴含在其中的道理应用到其他领域中去，当然也包括职场。这个道理就是了解现实、接受现实，只有这样才能制订出解决问题的正确策略。对于一名员工来说，勇于面对现实表现出了他对自己的职责和使命的态度。态度决定行动，一个勇于面对现实的员工，一定是有着非凡毅力和不屈精神的员工。只有这样的员工，才能解决工作中出现的一切问题。

不要把面对现实当作是打开潘多拉之盒，情况没有你想象得那么糟糕。20世纪30年代，理查德在美国一家人寿保险公司当推销员。当时，美国爆发了经济危机，理查德的推销工作变得异常艰难起来。更糟糕的是，他性格内向，被客户拒绝后，就不再展开第二轮推销，因此，他的业绩一直都是公司最差的。那时，理查德最担心的就是自己是否会被公司解雇。一天，公司经理把他叫到办公室，说："理查德，三个月后，你认为你的业绩是否会上涨，会涨到什么程度呢？""我没有具体想过，但一定让您满意。"理查德谨慎地回答说。"我相信你，"经理又问，"不过，你有没有想过工作中出现了什么问题？应该如何解决这些问题呢？"

"经理，我没有想过。"理查德小声回答。

"那现在就应该好好地想一想。"经理继续说道，"你应该有勇气面对工作中的困难，不管困难有多大，只要你想解决，就一定能解决。其实，推销没有秘诀，只要你肯敲门、肯尝试、肯努力，就一定会取得成功。失败的人之所以失败，是因为他没有勇气接受现实，而不是问题严重到无法解决！"

谈话之后，理查德再三思索经理说的话，终于清楚了自己应该如何做。之后，保险公司的待裁员工名单上少了理查德的名字，而公司多了一位高绩效的出色员工——一个把每个客户的门都敲响几十遍的人。

从上文的事例中可以看出，一个人要想变成解决问题的高手，从而

完成任务，就必须做到："面对现实开展工作"。如果理查德认识不到自己的问题，不接受现实，很难想象他的工作会有如此大的改观。

总之，一名出色员工必须要做到了解、接受现实。只有这样，他才能发现并解决工作中出现的问题。

02 发现问题并分析原因

一家大型动物园新引进了两只袋鼠。为了让袋鼠在这里繁衍生息，动物园修建了一个适合它们生存的围场，并在围场的周围修建了3米高的围栏，为的是防止袋鼠逃走。让人惊讶的是，第二天一大早，动物管理员发现两只袋鼠居然在围场外面悠闲地吃着青草。

于是，管理员将围栏加高了0.5米，认为这下袋鼠一定跳不出去。可是，就在围栏加高完成的第二天，同样的事情又发生了。两只袋鼠仍然在围场外面蹦来跳去。难道是围场的围栏还不够高？于是围场的围栏又增加了0.5米。但让管理员惊诧万分的是，就在围栏加高完成的第二天，两只袋鼠依然不在围场里，而是在其他的地方四处蹦跶。动物管理员觉得不可思议，4米的围栏，已经足够高了，普通的袋鼠根本就跳不出来，难道这两只袋鼠真的与众不同？

这件事轰动了当地的媒体，各大报纸、杂志争相报道，称这两只袋鼠是弹跳力超群的"神奇"袋鼠。许多动物学家也慕名而来，希望一探究竟。他们对这两只袋鼠进行了一系列的调查研究，发现这两只袋鼠根本无异于其他的袋鼠。那么究竟是什么原因使这两只袋鼠拥有如此惊人的弹跳力呢？正当众人百思不得其解的时候，动物园打扫卫生的大叔却说："如果你们每天记得把围场的门关上，袋鼠就不会再到围场外面瞎逛了。"

这个故事告诉我们，只有认识到问题的症结所在，才能把问题处理在"点"上，并成功解决问题。这就好比故事中的管理员，他要做的工作不是一次又一次地增加围栏的高度，而是不要忘记锁上围场的门。在职场中，每个员工都想圆满地完成上司布置的工作任务。有些人通过自己的努力实现了目标；但还有一大部分人在努力之后，发现工作中的很多问题依然无法解决。他们并不甘心，依然带着工作热情努力付出，但结果仍然不令人满意。为什么付出没有得到回报呢？其根源在于，这些人虽然努力工作，但他们并没有找出问题究竟出在哪里。所有付出，不过是用在那些对解决问题无益的工作中，所谓"好钢没有用在刀刃上。"

从这个角度上说，发现问题是解决问题的重中之重。要想发现问题，就必须调动自身的观察力，审查工作中的每一个环节。也许你会觉得烦琐，但这却是认清问题的关键所在。不过，现实中往往有这样的人，他们认为没有什么是自己不懂的。如果在工作中遇到问题，他们认为想都不用想，就可以找到解决问题的方法。在他们的字典里，永远没有"调查"两个字。他们不假思索，不加分析，盲目行动，其结果就是，一切行动都是徒劳，甚至会使问题变得更加复杂。

在古时有个李员外，家有千顷良田，万两黄金，日子过得非常顺心。有一年，他重新修葺了府宅。府宅虽然修葺一新，但他家却接二连三地发生火灾。幸亏有乡人帮忙救火，才没有遭受重大损失。可是，李员外心里一直忐忑不安，因为不知道哪一天又会发生火灾。一些朋友开始为他出主意，有人说，让仆人用火时提高警惕；还有人说，在家里多摆上几口大缸，随时都装满水，再摆上几个水桶备用。李员外也没有更好的办法，只能依计行事。可是，火灾再一次发生了，好在有准备，火

被迅速扑灭，并没有造成什么损失。可是，这种提心吊胆的日子何时才能到头呢？一天，李员外的一位好朋友前来拜访，并在他家住了下来。这位朋友闲逛时发现李员外家灶上的烟囱是直的，而旁边还堆着木柴。于是，他对李员外说："烟囱宜曲不宜直，这些木柴必须移走，否则家里还会有火灾。"李员外虽然将信将疑，但还是把烟囱改曲，并将木柴移走。之后，他家里再也没有发生过火灾。要想消除火灾隐患，一味强调"救火策略"只能治标，并不能从根本上解决问题。因为，只有真正地发现问题，找到问题的症结所在，才能从根本上解决问题。怎样才能找出问题的症结，从根本上解决问题呢？

第一，必须正视工作中出现的问题；

第二，总结自己的工作表现，反思自己的工作是否到位；

第三，仔细检查工作的每一个环节，看看问题到底出在哪里，切忌不经调查就想当然地认为如何如何；

第四，虚心倾听他人对你工作的评价。俗话说"当局者迷，旁观者清"。他人的评论，也许会让潜在的问题浮出水面。

总之，在解决问题之前，如果不能找出问题的实质起因，你的行动方向就会出现偏差。因此，解决问题，必须讲求治本，即从问题的根本症结入手处理问题。只有这样做的人，才是解决问题的真正高手。

03 用创新思维解决问题

每个人都希望自己能成为解决问题的高手。要想达成这个目标，创新能力必不可少。如果固守传统的思维方式，我们往往会成为问题的"手下败将"，而不是问题的解决者。

伟大的科学家爱因斯坦说："把一个旧的问题从新的角度来看需要充满创意的想象力，这成就了科学上真正的进步！"不只是科学家，对于一名职场人员来说，如果你具备了创新能力，也就真正具备了解决问题的能力，你会发现，"保证完成任务"不再是一句简单的承诺，因为你总是能高质量地提前完成任务。

在工作中，当面对一些问题时，如果一味地用老方法解决，问题会一直存在。而此时你会觉得前途一片黑暗，自己无路可走。但真的无路可走了吗？肯定不是。只要你跳出守旧的思维模式，从新的角度分析问题，运用新的思维方式去思考问题，你就会得出新的解决方法。顿时，你会觉得豁然开朗，前途一片光明。

白瑞德在一家大型家电公司上班，出任高级主管。他很喜欢这份工作，对公司的福利待遇也很满意。不过，他遇到了一件烦心事，那就是他与经理的关系愈加恶劣。终于，他认为自己再也没有办法与经理共同工作了，于是打算辞去这份工作，找一家猎头公司，让他们帮自己找一份类似的工作。

当白瑞德把自己的想法告诉妻子苏珊时，苏珊却觉得这种做法并不是解决问题的最佳方法。她提醒丈夫，说："一个人不能因循守旧，应该学会重新界定问题，在新的角度上以创新的方法处理问题。"白瑞德深受启发，反复思索妻子的话，并有了一个大胆的计划。

经过一番准备，他来到猎头公司，递上了简历，不过不是他的，而是经理的。原来，他的计划就是请猎头公司为他的经理找工作。一个星期后，他的经理就接到了猎头公司打来的电话，请他去别的公司上班。恰巧，经理早就厌倦了这份工作，而新工作待遇也不错，于是他就辞职离开了这里。经理辞职后，白瑞德申请了这个职位空缺，竟然被上级批准了。于是，他就坐到了以前经理的位置上。白瑞德只想与经理分开工作，解决问题的办法不只是自己离开，也可以让经理离开。创新，使白瑞德找到了一个更好的解决方法，使问题得到了圆满的解决。

工作忌讳墨守成规。因为任何事物都不是一成不变的，因循守旧只会降低你的工作效率，让你不能按时完成任务。只有打破思维定式，运用创新思维，才能成功解决工作中出现的问题，从而高效率地完成任务。

如果让你把梳子卖给和尚，你能做到吗？有人说，这怎么可能呢！梳子是用来梳头的，而和尚恰好没有头发，他们是不可能买梳子的。有这种想法的人，已经被思维定式束缚住了，他们是不可能把梳子卖出去的。看一看甲、乙、丙三人在卖梳子上的表现。

甲只卖出了一把梳子。他跑了无数寺院，对无数和尚推销过，可不是受到白眼，就是被追打。最终，他不放弃的精神感动了一个小和尚。出于怜悯，小和尚买了一把梳子。

乙卖出去了10把梳子。他来到一家寺庙后，没有急于推销，而是四处观察。最后，他发现，由于山上风大，前来上香的善男信女们一个个都头发凌乱。于是，他找到主持，说："你看香客们的头发被大风吹得很凌乱，这是对佛祖的不敬。如果在香案前摆上一把木梳，供他们梳头，就不会发生这种情况了。"住持很认同他的话，见庙里有10座香案，于是买下10把梳子。

丙卖出去了1000把梳子。他选了一家久负盛名、香火旺盛的大寺院，找到主持后说："贵寺声名远扬，进香者众多。你看前来上香的人不顾路途遥远，只为诚心一拜，贵寺应该有所回赠，以护佑他们，并鼓励他们多行善事。我这里有一批梳子，您书法超众，可在上面写上'积善梳'三字，然后把梳子赠给香客。"主持听后连连点头，立刻买下了1000把梳子。

在这个故事中，甲很努力，也很执着，但他解决问题的能力却不高，原因就在于他不知道创新。而丙面对"把梳子卖给和尚"这个难题，运用创新思维，独辟蹊径，成功地解决了问题。创新的神奇力量从中可见一斑。

创新并不是某些人才有的能力，其实，每个人都有创新能力，只不过有些人因为不善于观察、怠于思考而无法使其发挥出来。人类的知识、智慧、情感、思想等都需要培养，创新能力也不例外。心理学家通过实验和研究发现，创新需要积累知识和开发智慧，创新还需要善于观察和勇于实践，创新也少不了训练。总之，通过教育和培养，创新能力就可以得到提高。在职场中，如果我们能熟练应用创新思维，解决问题的能力就会大大提高，我们的表现就会越来越出色，就能在职场上大有作为。

大量事实表明，当你把创新的三种"需要"不断满足下去，时间一长，你就会发现自己成为一个懂得运用创新思维去做事的人。如果每天

都有更好的方法解决问题，你还会为自己不能成为解决问题的高手而发愁吗？

04 用积极的心态面对问题

在职场中，有些人虽然很有才华，但却常常陷入问题的泥沼中无法自拔，很大一方面原因就是他们的心态有问题。在工作过程中出现众多问题是不可避免的。一面对问题，这些人总是想到最坏的一面，从而为自己挑选出一条可以躲避问题的道路。他们说：

"这个问题根本就无法解决。"

"目前解决问题的条件还不成熟，还是再等一等吧。"

"我没有办法解决这个问题，还是算了吧。"

这些消极的想法，只会限制你的潜能发挥，对解决问题没有任何好处。一个对自己的能力都不抱期望的人，谁又会奢望他能出色地完成任务呢？并且，不用积极的心态面对问题，问题永远也解决不了。

著名的成功学家拿破仑·希尔讲过一个故事：

星期六的早晨，一个牧师为了摆脱儿子强尼的纠缠，把一本旧杂志里的一张世界地图撕下来，并把它分成不规则的小纸片，递给儿子，说："强尼，你把小纸片重新拼成一张世界地图之后，我就陪你玩。"在牧师看来，儿子要想拼好这张地图，怎么也要花上几个小时的时间。哪知不到十分钟，强尼就敲响了他书房的门，带来一张拼好的地图。牧师非常惊讶，检查了一遍，丝毫不差，于是问儿子："强尼，你是怎样做到的？"强尼回答说："很简单。我发现地图的背面是一个人的图画，于是就先把人拼好，然后翻过来就是地图了。我想，如果人拼得对，地图也应该没有错才对。"牧师听后笑了，于是放下手头的工作和这个聪明的小家伙玩了一上午。

这个故事启发我们：想要成为解决问题的高手，最需要的当然是解决问题的思维智慧，而这个智慧的源泉，就是翻转一面，用一种积极的心态面对问题。强尼翻转了纸片，把一件原本非常复杂的事变简单了，并且很快就把它处理好了。我们不仅要学会把纸翻过来，更重要的是学会把心翻过来，即抛弃消极，以积极的态度面对问题，把"不可能"三个字换成"不，可能"。

罗宾大学刚毕业，在一家报社做记者。一天，上司交给他一项重要的任务——采访大法官布兰代斯。这是罗宾第一次面对如此重要的任务，他不是欢欣雀跃，而是忧心忡忡。在他看来，自己任职的报社并不是当地最具知名度的媒体，自己也只是一个默默无闻的小记者，大法官布兰代斯是不可能接受采访的。与其去碰钉子，不如现在找个理由推掉这项任务。

当他向上司说明自己不能接手这项任务的理由后，上司并没有生气，而是很理解地拍了拍他的肩膀，说："我明白你的感受。不过，假设一个人待在一所阴暗的房子里，想知道外面的阳光有多灿烂，他应该怎样做呢？其实，最简单、最有效的办法就是走出来，积极面对阳光。"说完，上司拿起桌上的电话，打给大法官的秘书。电话接通后，他开门见山地说出自己的要求："我是某报社的记者罗宾，奉命访问大法官，不知他能否给我几分钟的采访时间。"一会儿，罗宾听到上司的答话："谢谢你，我记住了，是明天1：15分，我会准时到的。"搁下电话后，上司把头转向罗宾，说："看，就是这么简单。明天中午1：15，那是你和大法官见面的时间。"

在大多数情况下，消极的情绪会把困难放大一百倍。实际上，当你用积极的心态去面对时，就会发现那些问题并没有那么严重，不过是自己吓自己而已。所以说，不要认为有什么问题是不可能解决的，不管问题有多严重，首先你要告诉自己"我能行"，然后就是探索、努力，最

后你会发现你确实能行——因为问题被解决掉了。1997年12月，查尔斯王子拜访伦敦贫民窟时与一位流浪汉的合影照片刊登在了英国某家报纸上。这张照片颇有戏剧性，照片中的流浪汉竟然是查尔斯以前的校友克鲁伯。可是，王子的同学怎么会成为流浪汉呢？原来，克鲁伯出身金融世家，身世显贵，从小就读于贵族学校，后来成为一名颇有名气的作家。可以说，上天送给了他两把金钥匙——"家世"与"学历"。可是，在婚姻上，克鲁伯就没那么幸运了，他的两次婚姻都以失败而告终。经过婚姻的打击，克鲁伯逐渐消极起来。他开始酗酒，并无休止地诅咒、抱怨，挥霍掉了自己所有的家产和才华，最后成为一名流浪汉。想一想，让克鲁伯倒霉的是婚姻吗？当然不是，是他消极的情绪。从他放弃积极情绪、开始堕落的那刻起，他便输掉了一生。当面对众多问题时，如果你不是找出问题的症结所在，而是回避问题，那你永远都不会摆脱问题的控制。因为，当一个人消极地认为所有的门都是关着的，那么门就会真的关闭起来。所以说，当问题出现后，要想方设法地让自己的态度变得积极、自信起来，让自己成为问题的"终结者"而不是它的"手下败将"。

　　最后请记住：对于一个用积极的心态面对问题的人，上帝在对他关上一扇门的同时，肯定也会为他打开另一扇门。

05 学会与人沟通

养过猫和狗的人都知道，"猫狗是仇家，见面就掐"。其实，猫和狗之所以"见面就掐"，主要是因为沟通上出现了问题。比如："摇尾摆臀"这套身体语言，在狗这里是表示友好的意思，在猫那里却是挑衅的意思；喉咙里发出"呼噜呼噜"的声音，在猫这里是放松情绪、表示友好的意思，而狗听来就是想打架的意思。结果，狗和猫的好意在彼此看来却是"挑衅"，无怪乎它们要"掐架"了。

在职场中，员工与员工之间因缺乏沟通而导致的冲突和矛盾也不少见。很多人喜欢独来独往，不喜欢与人交流，更不会与人沟通，结果在执行任务中经常走弯路，有时还会"步入歧路"，不能完成任务。因此，这类员工总是与加薪、晋职无缘。美国金融界的著名人士阿尔伯特在刚加入金融界时，他的一个朋友——金融界某家知名企业的高管，告诉他一个成功的秘诀，就是"学会与人沟通"。

一些员工总是疲于应付工作过程中出现的一些问题。他们埋怨问题太多、时间太少，总是被问题压得喘不过气来。可是，他们却很少思考造成这种状况的原因是什么。在很大程度上，这是他们没有与别人进行良好沟通的结果。一个人的时间和精力毕竟有限，自己能解决的问题固然要依靠自己，但在有些时候，我们也需要借助他人的力量来解决问题。成功而有效的借助是建立在良好沟通之上的。或许你还没有意识到或不愿承认这一点，但这一点却是解决问题高手的经验之谈。

良好的沟通是更迅速、更有效地解决问题的方法。只有做到和与问题有关的人进行良好的沟通，才能真正找到问题的症结所在，也才会听到解决问题的不同建议。这样，我们才能找出一个最有利于问题解决的办法。所以说，良好的沟通是解决问题的关键所在。不过，要做到良好

沟通不是一件容易的事，具体说来你需要做到以下几点：

1.信任是良好沟通的基础

如果沟通的双方彼此之间不信任，就无法做到良好沟通。没有信任，与问题相关的种种信息就不能进行充分有效的传递，从而造成双方对问题的情况依然是一知半解，这对于解决问题没有任何益处。虽然在沟通的过程中，没有人愿意发生这种事，但总是有人有意识或无意识地树立起戒备之心，把沟通推入"不信任"的泥沼之中。

要想抛开不信任，除了让自己以团队利益为重之外，在沟通的过程中还要抱有谦虚的态度，虚心听取他人的意见和建议，尊重他人的想法，不要过于挑剔。这样，我们就能把主要的精力放在解决问题上，并在他人的帮助下找出最佳的解决方法。

2.让自己的表述简洁明了

当你与他人沟通的时候，一定不要忘记让自己的语言简洁明了。不要用晦涩难懂的词句和不知所云的理论阐述问题、发表意见。当然，你也要尽量避免含糊其词。模糊的叙述不利于有效沟通，不利于问题的解决。如果你想让别人明白你面对的问题，就要清晰地表述出来，而且力求言辞简洁。拿破仑经常告诉随从和手下的士兵："一定要清楚！清楚！再清楚！"

所以，我们在与别人沟通时，一定要让自己的表述简洁明了。为了做到这一点，在沟通之前，你要尽可能地熟悉问题，并把沟通中的重点找出来。这样，你的沟通才会更有效，你才能更好地解决问题。

3.零阻力沟通还需要掌握正确的时机

如果你在工作中发现了一个问题，两个星期之后，你才敲开上司办公室的门，告诉上司你遇到的问题，以及需要的帮助，但这时上司已经在着手进行工作的下一个环节了。因为你这种"拖后腿"的行为，他不得不停下工作的进度，着手改进两星期前的工作。遇到这种情况，上司不可能不生气，给你的帮助力度也会相应降低。与此相反，如果工作中的某一问题刚露苗头，你在还不完全了解问题的情况下，就四处寻求帮助，这又会是一种怎样的情景呢？由于你没有关于问题的足够信息，其他人也不可能全面地了解问题，所以也无法提供实质性的帮助。实践证明，正确的沟通时机是：发现问题，并充分了解问题的那一刻。在这个时候进行沟通，沟通才会顺畅，问题才会得到及时解决。及时的解决，还能降低问题对整项工作的负面影响。

从某种程度上说，沟通是"保证完成任务"不可或缺的组成部分。作为职场中的一员，如果你能把工作的过程看成是沟通的过程；视为与他人不断交流的过程，并善于发现他人的闪光点、学习他人的长处、听取他人的建议，那么工作中出现的问题对你而言就不再是难题了。在沟通中你会发现自己已经成为解决问题的高手了。

06 问题中也有机遇

有些人虽然在尽力解决工作中出现的问题，但是他们对出现的问题并没有正确的认识。在他们看来，问题意味着挫折和失败，他们并不希望有问题发生。可是，在成功者看来，问题一点都不可怕，它们似乎还有一点可爱。因为，机遇往往伴随着问题的产生而到来。所以，在工作中，每当有问题出现时，他们总会问自己："这里藏着什么样的机遇呢？"

作为一名解决问题的高手，问题永远不是"保证完成任务"的障碍，而是"机遇"的乔装者。不管面对的问题有多严重，他们首先要做的就是以平和的心态接受问题，然后冷静地分析问题，之后积极行动解决问题，并在必要时请他人帮忙。总之，他们努力让隐藏在问题背后的机遇浮出水面。所以，面对问题的产生，他们会说："感谢上天！又有成功的机遇等着我去捕捉了。"他们从来不会逃避、退缩。

胡里奥·伊格莱西亚斯是闻名世界的歌手。不过，在当歌手之前，他最大的愿望是做一名职业足球运动员。不幸的是，因为一次车祸，他不得不停止自己的运动生涯。他为此也沮丧过，不过很快又振作了起来。在康复的过程中，他以弹琴、写歌的方式打发时间，并最终走上了音乐之路，成为一代巨星。井伏鳟二是日本著名作家。他从小就喜欢绘画，并为成为画家做了一系列的努力，可惜都失败了。梦想破灭之后，井伏鳟二没有自暴自弃，而是决定开辟一条新的发展之

路。他考上了早稻田大学，最终成为一名著名的作家。胡利奥和井伏

鳟二追逐梦想的过程并不顺利，但他们最终在逆境中崛起了，这难道

不是"问题就是机遇"的最好诠释吗？实际上，没有问题不一定就是

好事。曾经有人仔细研究过世界500强企业名单，他发现每过10年，

大概就会有三分之一以上的企业从这个名单中消失，或者从高排名降

到低排名。通过调查和分析这些企业衰落的原因，他发现，这些企业

的衰落正始于企业发展的鼎盛时期。因为在这个时候，企业发展中所

遇到的问题最少。经营者因此而丧失了警惕，只是一味盲目乐观，并

没有采取必要的措施为企业的长远发展做准备。所以说，问题并不可怕，没有问题才可怕。

有科学家调查研究发现，在一般情况下，人们的自身能力只被使用了3%，而在冥思苦想思考解决问题的方法时，平时未使用的97%的潜能就会被调动起来。所以，工作中遭到打击，一定不要轻言放弃。实际上，即使一个人身陷问题的泥潭中，只要他改变思维方式，以乐观的心态积极行动，就会发现：把自己逼入困境的问题，原来也是成功的绝妙机遇。从问题中发现机遇，就能把不利局面转化成有利局面。

善于解决问题的高手都有敏锐的眼光，他们能捕捉信息、抓住机遇，也就是说，他们善于把"问题"变成机遇，变成"完成任务"的助推器。在美国的淘金热潮中，淘金人的生活非常艰苦，他们最发愁的是没有干净的水喝。可是，虽然人们都在抱怨，但没有人愿意停下淘金的脚步，除了亚默尔。他也是淘金大军中的一员，也在忍受饥渴的折磨，他想：我为什么不去弄些水呢？既能自己解渴，也能卖给他人，也许这样会更赚钱。于是他放弃淘金，开始挖水渠、运水，并把水卖给正在淘金的人。许多人都嘲笑他，说："有金子不挖，却干这种蝇头小利的小买卖。"可是，那些淘金者只有为数不多的人发财了，大多都空手而归，而亚默尔靠卖水轻轻松松地发了大财。其实机遇对于每一个人都是平等的。所有淘金者都面对着"没水喝"的问题，可是他们大都没有看到其中隐藏的机遇，甚至还讥讽那些把问题化成机遇的人。

有些人认为，把问题化为机遇，并不是常人所能做到的。其实，这种观点是错误的。实际上，把问题化为机遇，通常只需要一个想法，并将其付诸行动。要做到这一点，首先就要保证不让错误的意识占据你的大脑。要正确对待工作中出现的问题，以一种乐观的心态赋予问题更多新的含义。虽然很多问题对你举起了"此路不通"的警示牌，但只要你围绕着问题仔细分析，就会在它周围找到解决方法，这就是机遇。正所谓"毒草百步之内，必有解药。"

把问题化为机遇，我们需要做到以下两点：

第一，在心理上向问题宣战。用一种积极的心态面对问题，从阴霾中走出来。只有这样，你才能看见前面那片蔚蓝的天空——成功的机遇。

第二，取得一点成绩之后不要自鸣得意。因为问题被解决之后，并不意味着从此之后工作中就不会再出现问题。随着工作的深入，问题会以不同的面孔出现。所以，你必须时刻保持警惕，时刻保有"从问题中寻找机遇"的意识，这样，问题才不会成为你"完成任务"的障碍，而是成为你成功的垫脚石。

总之，问题并不是"完成任务"的障碍，我们也不能逃避问题。我们应该正视问题，然后从不同的角度观察和分析问题，从问题中寻找机遇，并有效地解决问题。

07 积极寻求帮助

在职场中，有些人能快速处理好工作中出现的问题，这除了和他们自身的能力有关系外，还有非常重要的一点就是他们积极寻求帮助。所以说，要想成为解决问题的高手，对于一些我们无法解决的问题，必须及时寻求他人的帮助。只有这样，我们才能及时解决问题，并按时完成工作任务。

可是，有些人遇到问题后，并不愿意请别人帮助自己，在他们看来，这样做有损自己的形象，等于间接承认了他人比自己能力强。这是一种闭塞而又不健康的心理，这种心理会阻塞别人为你提供帮助的通道，对你解决问题十分不利。

安塞尔在一家路桥公司上班。一天，上司安排他和一个同事共同核算一个建筑项目的费用。为了以最快的速度完成工作，安塞尔和同事各自核算一部分。在核算的过程中，安塞尔对一个地方的数字产生了怀疑，不知道该用哪一个核算公式进行核算。在思考的过程中，他也想过向同事请教一下这个问题，不过他又认为这样做会让同事看低自己的能力。最后，他用了一个自以为正确，但实际上并不正确的公式进行了核算。结果，就是因为他用错了一个核算公式，导致预算费用与实际情况出现了极大的误差，致使公司决策发生错误，在这个项目上损失惨重。俗话说，"三个臭皮匠，顶个诸葛亮"，个人的能力是有限的，团队的力量才是无穷的。我们都需要他人的帮助，尤其是在面对无法解决的问题时，我们不应该顾及所谓的面子和自尊，不向他人寻求帮助，甚至还推开他人伸出的援助之手，我们应该有放低姿态的勇

气，积极寻求帮助。

当然，你在寻求帮助的过程中可能会遭受他人的白眼，也可能会被别人拒绝。这时，你更不可放弃寻求帮助。我们在寻求帮助的过程中可能会找错求助的对象，倘若只因找错对象、遭受打击便放弃，那问题依然还是得不到解决。所以与其和那些不能真正帮助你的人纠缠不清，不如仔细寻找一个确实能为你提供帮助的人！所以说，你必须懂得选择正确的求助对象。

有效的帮助来源于正确的帮助对象。一个远近闻名的画家面对一个电影剧本，可能也无法一语道破剧本的好坏，以及存在的问题。一个德高望重的牧师，可能也无法说出某种专卖药品的质量究竟如何。所以说，罗斯福总统想要打猎的时候，他会向猎人请教如何狩猎，而不会向政治家请教；当遇到政治难题时，他会向政治家请教，而不是一名猎人。

当你找好求助对象后，就要端正自己寻求帮助的态度，要谦虚，还要尊重他人。即使给予你帮助的人地位卑微，你也要表现出诚意，让他感觉到你的确欣赏他的才能，并诚心寻求帮助。这样，你就会从对方那里得到你希望得到的帮助，这种帮助甚至还会超出你的预想。

菲尔在一家电器公司做业务员，他业绩出众，一直是同事羡慕的对象。不过，菲尔刚进入这个公司时，业绩却一直不理想。因为对业务不熟悉，他在工作中遇到了许多问题。菲尔主动向同事请教，可同事生怕他会跟自己抢客户，所以总是用三言两语敷衍他。一天，情绪低落的菲尔因为一个偶然的机会和门卫聊了起来，他惊讶地发现门卫对自己的业务竟然非常熟悉，而且精通与人沟通的艺术。下班后，菲尔特意找了一家很好的餐厅，请门卫吃饭，并向他请教工作中的难题。门卫见菲尔很有诚意，便全心全意地为他指点"迷津"。在门卫的帮助下，菲尔掌握了与客户交际的技巧，业绩越来越突出。

寻求帮助时，态度一定要诚恳，就算这个人曾经和你有过激烈的矛盾，真心与诚心也会让你们冰释前嫌。

戴克是一名铅管和暖气材料推销商，他一直很想和一位铅管商合作，不过，这位铅管商性格暴躁，语言粗鲁，极不好接触。每次戴克鼓起勇气，敲响他办公室的门时，他都会大声地吼叫："别站在这里妨碍我办公，赶紧离开！"时间一长，戴克觉得自尊心受到了伤害，同时也失去了与他合作的信心，发誓再也不踏进他办公室一步。

后来，戴克所在的公司想收购位于皇后新区的一家公司，并让他做一个市场调研。戴克十分为难，因为他对皇后新区一点也不了解，也不知道向谁请教。一天，他的一个下属告诉他，那个铅管商非常熟悉这一地区。戴克思索再三，决定抛开怨恨，前去请教他。戴克对大发脾气的铅管商说："先生，请少安毋躁，我今天来不是向您推销产品的。对于以往的打扰，我感到十分抱歉，希望您能原谅。我是专程来向您请教问题的。我们公司打算在皇后新区收购一家公司，知道您非常熟悉那里的情况，所以想请您帮个忙。"

听完戴克的话，铅管商顿时怒意全无，而且还变得有些不好意思。他不仅让戴克坐下来，还一一说明皇后新区的特点，以及在那里设置公司的好处与坏处，最后诚恳地劝说戴克不要在那里设分公司，还告诉戴克作为一名推销商应该如何开拓业务。通过这次交谈，铅管商不但帮他解决了设分公司的难题，还帮他获得了不少订单，戴克可谓获益匪浅。

问题不会难倒人，只有自己才会难倒自己。当问题出现时，只要你积极面对，真诚地寻求他人的帮助，虚心地听取他人的建议，你就会发现：在他人的帮助下，一些看似困难的问题其实并不难解决。

08 做事分清主次

步入职场后，你是不是忽然发现自己忙得四脚朝天。每个职场中人都会遭遇这样的问题。有的人工作了一段时间后，感觉职场与自己之前想象的竟然完全不一样，本以为工作是舒适的，有激情的，谁知自己竟陷入忙碌之中无法自拔，仿佛一只无头苍蝇。于是这些人就开始抱怨：

"我每天都要接无数电话，还要开几个会议，工作进度就这样被耽误了！"

"我觉得我再也无法忍受了！"

"虽然每天要做的事也不多，可为什么时间总不够用呢！"

"一进办公室，看到堆积如山的工作我就头疼！"

与这些人形成鲜明对比的是，那些工作特别优秀的人。人们从来不会见到他们忙乱的身影，他们做起事来总是得心应手，非常轻松。那这些人是如何做到的呢？"大部分人工作效率不高，主要原因是他们把

主要的精力花在了次要的工作上。巴莱多原则告诉我们，应该用大量的时间去做最重要的工作。这应该是每个职场中人都必须熟知的工作技巧。"一位优秀人士如是说。

巴莱多原则是意大利著名经济学家、社会学家巴莱多提出来的。他认为：在任何一组东西之中，最重要的通常只占其中的一小部分。根据这个原则，他得出一个结论，"在一家公司，80%的工作基本上是由20%的优秀员工完成的。"你也许会对这个结论感到惊讶，不过这却是事实。比如在一家公司的销售部，通常80%的订单是由20%的人带来的；在开会时，20%的人通常会提出80%的建议……正基于此，优秀员工才认为：要保证完成任务，就要把自己80%的精力放在最重要的工作上。

比尔在纽约某家油漆公司做推销员。工作的第一个月，他挣了1000美元。而其他同事所挣的数目是他的几倍，甚至几十倍。比尔想："为什么我比别人挣的钱少呢？"通过分析自己的销售情况，比尔发现自己20%的客户购买的油漆占自己销售量的80%。但是，他对所有客户花费的时间竟然是一样的。比尔茅塞顿开，明白了问题的症结所在。在第二个月，他把手中最不活跃的客户排到最后，把主要精力都集中在最有希望的一小部分客户身上。结果，他第二个月挣了10000美元。

对于工作中出现的众多问题，你也应该学会运用这个原则。找出主要问题，然后集中精力解决它，这时其他的问题可能就不值得一提了。而当你把主要的精力都放在小问题上时，你可能连问题的突破口都找不到，更别说将工作顺利进行下去了。所以说，在工作中我们一定要牢记巴莱多原则，只有这样，我们才能提高工作效率，按时完成工作。

把80%的精力用在最重要的工作上，一个人的能力才会得到更好的发挥。这就好比一个果农想在秋天获得丰收，就必须修剪果树，去掉多余的枝杈。这样，到了秋天，果树才会为他奉上丰硕的果实。

了解了"巴莱多原则"的重要性之后，我们就应该学会结合自己的实际情况，为工作做一个优先排序。在工作过程中，坚持按顺序工作、解决问题，这样就会达到事半功倍的效果。

"分清轻重缓急，设计优先顺序"，这就是巴莱多原则的精髓所在。一个优秀的员工、一个解决问题的高手都会根据工作的重要性统筹安排精力和时间，并把主要的精力和时间用在最具有"生产力"的工作上。

工作任务根据轻重缓急的程度，一般可以分为四大类。

第一类，紧迫而又重要的工作。这类工作必须尽快完成不可。比如，工作中出现的紧急并对全局具有重要影响的问题等。

第二类，重要但不紧迫的工作。这类工作并没有设定完成的期限，但早一点完成，不仅可以减少工作量，还能增加工作表现。如制订工作计划，给自己"充电"等。

第三类，不重要但非常紧迫的工作。如临时需要接听的电话等。

第四类，不紧迫也不重要的工作。如一些琐碎的事情，像一些无关紧要的电话、邮件等。

将工作分好类后，我们就应该依据巴莱多原则，用80%的精力和时间去做能带来最高回报的第一类工作，而用剩余的20%的精力和时间去做第二、第三、第四类的工作。有专家指出，如果你懂得分清主次，把主要精力放在最重要的事情上，那么你就能轻松解决工作中出现的问题，变成一个解决问题的高手。

当然，还有一点需要谨记，就是在工作过程中要做到聚精会神、全身心投入。如果一个员工知道工作有轻重缓急之分，但在处理最重要的工作时却三心二意，敷衍了事，那么他照样也不能取得任何成就，只是在浪费时间和精力而已。所以说，如果不能集中注意力，就会给你的执行带来致命的打击，更不用说解决执行中出现的问题了。

总之，在工作过程中，巴莱多原则就好比一个魔方，如果你操作熟练，就能成功地完成任务，工作中出现的任何问题也都难不倒你。如果你没有这种技能，就会把这个魔方转得面目全非，不管你怎么努力，都会陷入问题的泥潭而无法自拔。

09 四两也能拨千斤

　　在解决问题时，不要一味用蛮力，而要学会用巧力，这样才能达到事半功倍的效果，也就是所谓的"四两拨千斤"。"四两拨千斤"往往是最简单也是最有效的解决问题的方法。在解决问题时，要把复杂的问题简单化，而不要把简单的问题弄复杂。

2005年，我国外交部部长李肇星在和网友的一次交流中，一位网友用一种挑衅的口吻说："您的确是一位优秀的外交家，但您的长相实在不敢恭维。"对于这样的问题，作为一名外交部长，为自己辩解几句吧，显得太多余，有失风度；置之不理吧，可别人都等着你的回答呢。不过，李肇星只用一句话就巧妙地解决了问题、化解了尴尬，他说："我的母亲可不这样认为……"这句绝妙的回答迅速成为当年的流行语，无数人都记住了这个充满智慧的答案。

　　有一次，李肇星在美国俄亥俄州大学演讲时，遇到了一位怒气冲冲的老太太。老太太质问他："你们为什么'侵略'西藏？"面对这无理的提问，李肇星并没有给予反击，而是问她："您是哪里人？"当知道老太太是得克萨斯州人后，他平心静气地说："克萨斯州在1845年才加入美国，而早在13世纪中期，西藏已是中国的一部分了。您看，您的胳膊本来就是您身体的组成部分，您会说身体侵略了您的胳膊吗？"老太太听完后笑了，并给了李肇星一个热烈的拥抱，说："谢谢您，您让我知道了事实真相。"

　　如果李肇星从西藏的历史说起，阐述西藏与中国的关系，然后再分析现实，指出一些别有用心的国家故意扭曲事实，干涉他国内政。这些话或许会说上一个小时或者更多的时间，但是老太太未必能听明白，最后，她可能依然固执己见，认为是"中国'侵略'了西藏。"要知道，李肇星面对的既不是政治家也不是历史学家，只不过是一个普通的美国老太太而已。虽然李肇星采用了一种最简单的回答方式，但却取得了最好的效果，成功地解决了问题。

日本一家大型化妆品公司在引进一条新的香皂包装生产线后，频繁接到客户的投诉，说他们的一些香皂盒里没有香皂，只是一个空纸盒。为了不让这样的事再发生，公司派专人成立了项目组来解决这个问题。最后，项目组设计出了一台配有高分辨率监视器的设备。当生产线上有空香皂盒通过时，监视器就会检测到，并且驱动一只机械手把空盒子推走。虽然这个问题是解决了，但却耗费了大量的人力、物力、财力。

有一家小型化妆品公司也引进了这条生产线，同样遇到了"空盒子"的问题。可是，这家公司的一名普通职员没费吹灰之力就解决了这个问题。他只是买了一台功率稍大的风扇摆在生产线旁，让装香皂的盒子——在风扇前通过，空的盒子自然会被风吹走。就这样，问题解决了。

为了解决"空盒子"的问题，第一家公司没少费周折。而第二家公司的那名员工不懂高科技，也不知道什么叫"自动化"，但他却用最简单的办法把问题彻底解决了。所以说，在大多情况下，不是问题太多、太复杂，而是我们人为地把问题复杂化了，并没有用最简单的方法解决问题。

在职场中，有些人总是夜以继日地工作，每一件事都付出巨大的努力，但他们的工作业绩并不高。这是事倍功半的人。还有一些人不管是艰巨的任务还是复杂的问题，都能轻而易举地解决，工作效率高，工作质量也高。这是事半功倍的人。要想成为事半功倍的人，培养自己四两拨千斤的思维必不可少。

面对工作中出现的问题，不必惊慌，也不要急于去解决。心平气和地问一问自己，"什么才是解决这个问题最简单、最直接的方法呢？"只有经常进行这样的思考，你才能找到解决问题的最简便方法，避免时间和精力的无谓浪费。

微信扫码

☑拓展视频　☑图文资讯
☑趣味测评　☑阅读分享

第四章

金牌员工的关键素质

01 主动: 从 "要我做" 到 "我要做"

史密斯在一家便利店上班, 他的工作就是记录顾客的购物款。史密斯觉得自己勤奋而认真, 在工作中从未出过差错, 所以他认为自己有资格升职、加薪。当他向经理提出要求后, 经理马上拒绝了他, 理由是他做得还不够好。史密斯虽然很生气, 但也无计可施。一天, 史密斯完成工作后像平时一样和同事们一起聊天。这时, 经理走了过来, 他看了看四周的货架, 然后让史密斯跟在他身后。史密斯并不知道经理这样做的用意, 但还是老老实实地跟在经理的身后。只见经理走到货架旁, 开始整理被顾客放乱的货物, 接着, 他又开始清理柜台, 并顺手把购物筐摆放整齐。

面对经理的举动, 史密斯最初很惊讶, 后来逐渐变得惭愧起来。他明白了经理的用意: 如果你想获得加薪和升职的机会, 就要有主动做事的精神。对待工作, 只要你能从 "要我做" 转变为 "我要做", 不管面对什么样的工作, 你都能出色地完成。相反, 如果你只是听命令、尽本分, 对其他的工作视而不见, 对公司的生存和发展也漠不关心, 那么你是无法让自己获得最大的进步和利益的。你最多只能得到属于你应得的那一部分, 而且这份所得远没有你想象的多。

主动的程度决定着成功的指数。一个金牌员工和一个平庸员工之间最大的区别就是: 金牌员工做事主动, 勇于承担更多的责任; 平庸员工只凭吩咐做事，他们更愿意推卸责任而不是承担责任。要想成为一名金牌员工，平庸员工必须要积极主动起来。一个人，只要能主动地工作，哪怕起点低一点儿，也会有大发展，因为，这样的人无论到哪里，都受老板的欢迎。

在工作中要主动一些，不要等到老板催促你，你才行动；也不要畏畏缩缩，因为害怕犯错而不敢行动。主动一点吧！主动做事会让你在众人中脱颖而出，还有非常重要的一点就是，它能激发出你的潜能，让你超越自我。当你做到了主动做事，超越自我，你就会惊讶地发现，自己已经成为公司的金牌员工，加薪和晋职自然离你不远。

有这样一个笑话：在国外，一位公爵夫人把家里的仆人叫到跟前，问他："鲍勃，你在我家里待了多长时间了？""差不多有30年了，夫人。""你知道自己在这儿的工作是什么吗？""看狗，夫人。""那只狗呢？""已经死了27年了。您现在准备让我干什么呢，夫人？"笑话虽然很夸张，但是却源于生活。在生活中，当你觉得自己与同事相比，拿到的工资不少，但是干过的活儿却很少时，便会产生一种占便宜的感觉。千万不要认为这样很好，因为没有哪一个老板会花钱雇一个不干活的员工。所以手头一旦没活儿，就要主动去问，而且是现在就问，马上就问！

那些主动做事的人总是会得到幸运女神的青睐，很容易走上成功之路。哪怕这样的人资质平平，但主动做事、自发向上的内驱力也会让他们取得优秀的成绩。老板们都喜欢雇佣主动做事的人，也都在寻找这样的人，对于他们，老板从来不会吝啬。不过，有些人并没有意识到这一点，他们自恃聪明，认为自己能力出众，不愿意受老板的控制，觉得自己不过是他的赚钱工具罢了。不要说主动干活，就连自己职责范围之内的工作他们都不好好做。即使这些人有才华、有能力，但是因为欠缺主动做事的精神，他们也不会得到老板的赏识，只会错过发展的良机。

一名企业培训师的助手是一位女孩子。这个女孩子既未毕业于名牌大学，长得也不漂亮。不过，在工作中，除了做好本职工作，她总是琢磨着再做点什么。培训师在讲课之前，都让她去查找资料。女孩子找

到的资料非常详尽、实用。不过，在找资料的过程中她也发现了一个问题，培训师那么繁忙，哪有时间看这些资料呢？于是，她试着把资料中的精华提炼出来，主动讲给培训师听。

就是她这一主动之举，为自己创造了发展机遇。培训师在听她讲时，发现女孩子很适合演讲，即使是普通的一件小事，到了她嘴里也会显得特别生动。于是，培训师就把她带到讲台上，让她给台下的企业高管们讲课。女孩子的大方和自信，以及精彩的演讲深深吸引了台下的听众。三个月后，女孩子已经晋升为助理讲师了。

美国著名的文学家、哲学家梭罗说过："最令人鼓舞的事实，莫过于人类确实能够主动努力以及提升生命价值。"在人生的舞台上，社会为你提供的只是道具，舞台则需要自己搭建，演出也要由自己排练。节目是否精彩、是否能吸引观众，决定权还在你手里。主动做事，能让你抓住更多成功的机会；主动做事，你会发现自己的能力在锻炼中逐日提高，发展的空间也越来越大。

千万不要把"要我做"当成完成任务的宗旨，高绩效喜欢与"我要做"的那类人结缘。所以说，要保证完成任务，你必须像金牌员工那样，发挥积极主动的精神，从"要我做"转变为"我要做"。不管你面对的工作多么难做，"我要做"的主动精神都会让你取得卓越的业绩。

不待扬鞭自奋蹄，主动做事的人与被动做事的人有截然不同的命运！在主动工作中，你会不断地弥补自己的不足，提高自己的能力。久之，你就会发现，虽然你并非毕业于名校，也不是海归派，但是你照样可以成为金牌员工！

02 敬业：敬业让你更卓越

人类社会在发展中前进，但是，人类的每一个进步，人们都曾付出过巨大的努力。不管是科学发明还是技术进步，都闪耀着人们敬业精神的光辉。牛顿在75岁高龄时还废寝忘食地进行科学研究；李时珍历经二十载才完成药典《本草纲目》。他们是敬业的典范。

敬业，从字面上理解就是敬重自己所从事的事业。专心致力于工作，为工作全力以赴，不管遇到多大的挫折，也能以高度负责的态度正视困难、解决困难，这就是敬业精神。当一个人具备了敬业精神，他就会勇于承担责任，积极主动地工作，并在工作中寻找到人生乐趣，实现自我价值。

敬业是金牌员工的必备素质，也是激发创造热情、取得突出业绩的前提。李雷在大学毕业后进入一家研究所工作。研究所里的研究员不是硕士就是博士，甚至还有博士后，就李雷自己是本科生，他感到很有压力。

在研究所上班的时间一长，李雷就发现所里的很多研究员对待工作都是敷衍了事，根本没有把工作放在心上。他们不是混日子，就是利用上班的时间赚外快，而对自己的本职工作置之不理。不过，李雷没有这样做，他以一种高度敬业精神投入到工作中去。在工作中，他不辞辛苦，全力以赴；工作之余，他时常为自己"充电"。就这样，他的业绩越做越好，工作能力也越来越高，时间不长就成为所里的"骨干"，并被提拔为所长的助手。几年之后，他又升为所里的副所长。老所长退休后，他顺理成章地当上了所长。

虽然随着社会的进步，经济的发展，人们在就业的时候面临着更多的选择。但是，不要因此认为机会到处都有，从而漫不经心地对待工作。因为，任何一个老板都不会雇佣没有敬业精神的员工；而具有敬业精神的员工，到哪都受欢迎。我们应该努力培养自己的敬业精神，让它变成我们职业中的一个良好习惯。

当敬业成为一种习惯后，你会发现，自己越来越出色，工作越做越顺手，你会因此而成为公司中的金牌员工。

在职场中，有一些人能力并不突出，但当他们把敬业变成自己的职业习惯后，他们身上的潜能就被逐渐挖掘出来。他们的能力因此而提高，工作业绩也越来越好。当然，这样的人一定会成就一番事业。张家林资质平平，虽然很努力，但在读大学时，成绩也很一般。毕业后，经过四处奔波，他终于进入一家大型企业工作，不过是做勤杂工，工资仅能勉强维持生计而已。张家林十分珍惜这个机会，他每天都兢兢业业地工作着，从不偷懒耍滑。下班后，他不是向有经验的同事请教技术问题，就是自己默默钻研技术理论。一年之后，他终于由勤杂工转为普通的技术工人。公司的大部分技术工人都是技校毕业生，他虽是本科生却还不如他们。但是，张家林有一股韧劲，有敬业精神，他不断钻研和学习，终于使自己的技术水平得到了提高。五年过去了，他因为表现出色，已经成为这家企业的副总工程师。而那些能力突出的同事，还有一部分依然在普通的岗位上混日子。

通过张家林的事迹，我们可以发现，没有做不好的工作，只有不敬业的员工。敬业是积极向上的人生态度，即使一个资质普通的员工，只要他具备了敬业精神，他在工作中就会比他人得到更多的经验和知识。

这些东西，就会成为他不断前进的"助推器"，使他最终成长为一名金牌员工。

士光敏夫曾经担任东芝株式会社社长，他是一个对员工要求非常高的老板。在他看来，员工是否具有敬业精神，对企业的发展非常重要。具有敬业精神的员工是为事业而来的，这样的人能够真正融入企业文化中，与企业一起发展壮大，即使在企业发展遇到困难的时候，他们也能和企业同舟共济。而没有敬业精神的员工是为企业的福利待遇而来，他们并不能全身心地投入到工作中，或许只有发薪水的那天才是他们最高兴的日子。如果企业经营出现困难，他们会是最早离开的人。但是，不管在哪里，他们都不会成为优秀的人才。

人生很短暂，要想实现自己的人生价值，就应该奋斗、奉献。脚踏实地地做好本职工作是最基本的一条。或许有人会说，人们在一些重要的岗位上，当然会调动起自己的敬业精神，但在一些普通平凡的岗位上，即使想敬业好像也没有那个必要。道理并非如此。房屋维修工作和公共汽车售票员工作肯定属于普通平凡的工作岗位了，但徐虎、李素丽却在这样平凡的岗位上做出了不平凡的贡献。他们在岗位上发扬敬业精神，从小事做起，让自己的工作变得有价值，让自己的人生变得有意义。也就是说，在任何平凡的岗位上我们都能做到不平凡，都能使自己成为卓越的人。但关键是看你有没有敬业的精神。

忠诚是一种美德，而且是最重要、最有价值的美德之一。作为企业中的一员，不管你能力是否突出；如果你希望自己能脱颖而出，希望自己能获得重用；希望自己有更大的发展空间，就必须抛开"外骛之心"，对企业投入自己的忠诚。如果你完全将自己融入企业中，将企业的发展壮大作为你的责任，并为之奋斗，那么，你就是一个值得信任、并可以委以重任的人。这样的人，不愁没有发展的空间，更不用担心自己会失业。相反，如果你投机取巧，为了自己的利益可以损害，甚至出卖企业的利益，那么你越能干，对企业的危害就越大。没有人会让这样的员工留在企业中。美国一位成功学家曾无比感慨地说："如果你是忠诚的，你就会成功。"忠诚能使你成为企业真正需要的人，能让你获得更大的发展空间，让你实现人生价值。

一位成功人士说："所有履历都必须排在忠诚的素质之后。"忠诚是每个金牌员工所必须具备的最基本的素质；忠诚是金牌员工高效完成任务的优势和前提。对金牌员工而言，忠诚是比黄金还要珍贵的钻石。凯丽是一个长相普通、学历不高的女孩，从学校出来后就在一家房地产公司做打字员。她的工位和老板的办公室只隔着一块大玻璃。只要她愿意，她可以看清老板的一举一动。但是，凯丽从没有那样做过。因为，她总是一心一意地做着自己的工作。凯丽明白，自己能力并不出众，如果再不认真工作，迟早会被公司裁掉。她将公司当作自己的家，处处为公司打算。比如说，如果打印的不是特别重要的文件，她会做到打印纸双面用。

一年后，公司因为一个项目失败而陷入困境，甚至连员工的工资都有可能发不出来，很多职员都因此而跳槽。最后，老板身边的工作人员只剩下了凯丽。面对焦头烂额的老板，凯丽鼓起勇气说："老板，您真的认为公司已经走到山穷水尽的地步了吗？"老板感到很惊讶，想了想说："没有！""既然没有，您就应该冷静下来，积极地看待问题。虽然公司在一个项目上损失了几百万美元。但是，我们只是一个项目失败了而已，公司在体制和制度方面并没有问题。很多公司都曾经面临过这样的困境，他们能走出来，我们也能。公司还有一个公寓项目，我认为它就是我们打一场翻身仗的突破口。"凯丽说完，拿出了一份关于公寓项目的策划案。几天后，老板派凯丽去负责这个项目。她不辱使命，最终将那片位置并不算太好的公寓全部卖了出去，为公司带来了3800万美元的现金收入，公司重新回到正常的发展轨道中。

四年之后，凯丽从一个小打字员成为公司的副总经理。她不但帮着老板做成了几个大项目，还在炒股中为公司赚了600万美元。后来，公司改成股份制，老板成为董事长，凯丽则成为新公司的第一任总经理。

当有人向凯丽请教成功的秘诀时，她的回答非常简单："一要用心，二要忠诚。"的确如此，如果你一边在企业中工作，一边损害企业利益，你又怎么可能和企业实现双赢呢？世上的一些道理是相通的。比如说，夫妻双方只有对彼此忠诚，才能获得幸福。同样的道理，公司和员工也只有彼此忠诚，才能实现双赢。在任何时候，我们都不能丢失忠诚的品德，因为企业发展离不开员工的忠诚，员工的成长也离不开忠诚。

衡量一个人是否具有良好职业道德的重要指标之一，就是看他是否忠诚。一个忠诚的员工在工作中会做到尽职尽责、积极主动，从不偷懒或者是推卸责任。当然，忠诚的员工还有一个非常重要的特征，那就是以公司利益为上，与公司同舟共济，就像前文中的凯丽一样。

但是，很多人在工作时只想着怎样才能让自己获得最大的收益。

他们认为忠诚不过是老板变相管理员工的手段，是管理者愚弄下属的工具，而从忠诚中受益的只是公司和老板。这种看法其实是不对的。忠诚的确对公司有利，但对你更有利。一旦你忠诚于自己的工作和公司，你就会从心底生出一种责任感，哪怕身处逆境，你也有战胜困难的勇气。当你全力以赴时，成功的大门已经为你敞开了。

所有老板的心中都有这样一个标准，"谁是忠诚的，谁才有责任感，谁才是最可靠的。"所以说，不管你能力多强，只要你不忠诚，老板就不会对你委以重任，也不会给你提供发展的空间，甚至会解雇你。这样的话，你能从"不忠"中得到什么好处呢？所以说，背叛"忠诚"的最大受害者是背叛者自己，而不是被背叛的人。

记住一位成功者所说的话："自身价值的创造和实现依赖于忠诚。"当你因为忠诚，主动对公司负责，加倍付出时，你就会成为老板器重的金牌员工。

04 合作：融入团队中

在非洲大草原上，三只小鬣狗正在攻击一匹大斑马。乍一看，它们并不足以与高大、强壮的斑马相抗衡。但是，一只小鬣狗咬住斑马的尾巴不放，另一只小鬣狗死死地咬住斑马的鼻子。因为疼痛，斑马拼命地挣扎、反抗，但这两只小鬣狗毫不放松。此时，第三只小鬣狗看准时机，扑到斑马的身上，开始啃食它的腰部。最后，斑马终于倒地而死。一匹强壮的斑马就这样被三只小鬣狗咬死了。三只小鬣狗取得胜利的秘诀就是它们组成了一支团队，并且分工明确、合作紧密。如果三只小鬣狗东咬一口，西咬一口，是很难击倒大斑马的。

大雁在空中飞行时或排成"人"字或排成"一"，这是它们为了进行长途飞行而采取的一种措施。因为大雁排队飞行，比单独飞行要节省超过10%的体力。再比如一盘沙子，即使它再金黄闪亮，作用也极其有限。但是，把它掺在水泥中，它就会成为建造高楼大厦不可或缺的建筑材料。在沙子中加入其他成分，化工厂的工人还可以把它烧制成玻璃。人也是这样，一个人能否融入团队中，对自己的工作业绩有很大影响。

在现代职场中，很多人为了尽快突出自己，大搞个人英雄主义。他们认为只靠自己的力量就能完成任务，就能开拓出发展的空间。因此，他们漠视团队精神，而专注于个人的工作表现。但是，结果往往与他们追求的大相径庭。他们非但没有取得突出的成绩，还总是被公司解雇。

现在是一个讲求合作的社会。我们要想完成任务，提高自己的执行能力，成为公司的金牌员工，就必须懂得与其他人合作。著名的成功学家拿破仑·希尔说过："没有与他人的协作，任何人都无法取得持久性的成功。"

有人会说，就这么一块蛋糕，分蛋糕的人越多，分到自己手中的就越少。但是，这些人忽略了一点，那就是合作会使蛋糕变大。蛋糕做大了，你还用担心自己所得的那份会变小吗？

小李与小张同在一家售楼处工作。大多数售楼人员接待客户时，都将自己负责的楼盘说得完美无缺，将别人的楼盘贬得一无是处。而小李与小张正好相反，他们采取合作买房的策略：如果客户对自己的楼盘不满意，他们就会向客户推荐对方的楼盘。这样工作下来，其他售楼人员每月最多能卖出两套房，而小张与小李每人平均能卖出五套房。正是因为他们懂得团队合作的神奇功效，才使自己的业绩如此突出。

所以说，如果我们要将一件事情干得出色，就得懂得与他人合作。人与人的合作不是人力的简单相加：如果把每个人的能力都设定为1，那么10个人的合作结果有时要比10大得多。这是因为人不是静止的事物，而是一种奇异的能量，相互推动时就会事半功倍。

拿破仑·希尔年轻的时候很想自己创办一份杂志，但当时他没有足够的资金，因此就与一家印刷厂合作，在芝加哥共同创办了一份教导人们如何成功的杂志。他很喜欢这份工作，而且为其投入了很多的时间和心血，虽然有些辛苦，但他却从中获得了很多乐趣。

他的杂志办得非常成功。但是，他与合伙人在工作中却存在很多分歧，他们经常因为一些出版方面的小事发生争吵，这使得他们之间的关系变得日渐不和谐起来。同时，他的杂志的成功也给其他出版商造成了威胁。一家出版商在得知他们内部不和的消息后，趁机出资买走了他合伙人的股份，接收了他的杂志，这使得他不得不带着耻辱离开了他所热爱的工作。之后，他仔细思考了自己失败的原因，终于得出了结论：他与合作人缺乏有效的沟通，没有想成一个合作的团队。这次失败，虽然让他蒙受了损失，但也让他明白了很多，为他日后的成功打下了基础。

经历了失败的拿破仑·希尔打算重新开始。他离开芝加哥前往纽约，在那里，他又创办了一份杂志。这回他吸取了上次失败的教训，学会激励一些占有部分股份、但没有绝对权力的合伙人共同努力，并且他经常与其他合伙人进行沟通，及时交换各自的意见。这次，合伙人之间精诚合作，大家为一个共同的目标而努力，在不到一年的时间里，杂志

的发行量就比先前那份杂志翻了两倍多。

只有懂得与其他人合作，把自己融入团队中的员工，才是企业最为重视的金牌员工。对于那些能力出众，但无法融入团队中的员工，老板一定会请他离开。一家企业的总经理说，"面对众多的应聘者，我一定会选择那些具备扮演团队角色所需能力的人，而不是工作技能突出的人。虽然工作技能对一个金牌员工非常重要，但技能是可以通过培训实现的，而角色才能却不能。一个团队要想蓬勃向前发展，员工能否扮演好团队成员的角色不仅是关键也是根本。"所以说，要想成为金牌员工，一定要融入团队中去。

融入团队的员工，在为实现团队整体目标而努力的过程中，也使自身价值得到了最大化的实现。总之，作为一名金牌员工，就必须有以大局为重的团队观念，不计较个人利益的得失，把个人追求融入团队的总体目标中去，将合作变成自己的一种职业习惯。

05 激情：永远最佳的工作状态

看看企业中的那些金牌员工，他们都拥有激情，每时每刻都精神百倍，似乎永不疲倦。对他们而言，世界尽在掌握中。激情，是一种极佳的精神状态。这种精神状态具有化腐朽为神奇的强大力量，能把"不可能"转变为"可能"。

法兰克·派特凭着对工作的激情，从一名退役的棒球手成为著名的人寿保险推销员。他在打球时曾因为动作无力、缺乏激情，而被当时的球队开除。后来他又转到另一个队，这一次，他想成为出色的球员，而他确实做到了。其中的过程，他是这样描述的："我一上场，就好像全身带电一样。我强力地击出高球，使接球的人双手都麻木了。记得我有一次以强烈的气势冲入三垒，那位三垒手吓呆了，忘记了接球，我盗垒成功。当时气温高达华氏100度，我仍然在球场上奔来跑去，其实，当时我极有可能中暑倒下去。"退役后，法兰克·派特进入了保险行业，他将加入新球队打球的激情投入到做推销员的工作中，这使他最终获得了巨大的成功。在12年的推销生涯中，他目睹了许多推销员因为有激情而让自己的收入成倍增长，同样也目睹了一些人由于缺乏激情而一事无成。

精神状态究竟如何影响工作，科学家们还没有给出明确的答案。但是，无数金牌员工可以告诉你，只要你对工作葆有激情，就一定会取得成功。没有人愿意和一个无精打采的人合作，也没有哪个老板愿意提拔一个消极倦怠的员工。萎靡的精神只会限制一个人的能力发挥，对完成任务百害而无一利。

美国《时代》周刊编制的"20世纪100位最重要的风云人物"榜中，"化妆品工业皇后"雅诗·兰黛榜上有名。雅诗·兰黛白手起家，靠着自己的毅力和对事业的激情，成为了世界上最成功的市场推销人才之一。后来，她一手创办了雅诗·兰黛化妆品公司，并开创了卖化妆品赠礼品的推销方法，使公司脱颖而出。在她的努力下，雅诗·兰黛成为全球高档化妆品牌。她之所以能取得如此辉煌的成就，是因为她对自己的事业的激情一直都没有消退。在退休之前，她每天都能生气勃勃、容光焕发地工作十几个小时。她退休后，并没有颐养天年，而是每天穿上名贵的服装，精神抖擞地周旋于上层社会，为公司做无形的宣传。微软一个负责招聘的主管说："站在公司的角度上，我们希望招到的'微软人'，首先应该是非常有激情的人：他对公司有激情、对技术有激情、对工作有激情。可能他入行尚浅，年龄偏小，或者其他方面有所欠缺。不过没关系，只要他有激情，与他谈完之后，我们能受到深深的感染，那么我们就愿意给他一个发展的机会。"

激情是一种最佳的工作状态。如果你始终以这种状态工作，让你的激情如激流一般奔涌，那你的工作业绩就会得到大幅度提升。而且，你这种状态还会对整个团队产生影响，使整个团队的执行力都得到提高。

吉姆现在是一家汽车清洗店的经理。这家店是12家连锁店中的一家，生意非常好，员工们的工作态度积极而乐观，个个都干劲十足。但是，之前的情况并不是这样的。那个时候，店里的员工悲观消极，厌倦这里的工作，很多人都已经开始准备辞职了。可是，吉姆的到来改变了这一切。他用自己斗志昂扬的精神感染着身边的员工，重新点燃他们的工作激情。

吉姆每天早上第一个来到公司，站在门口，带着充满活力的微笑向陆续到来的员工问好；在工作的过程中，他每时每刻都精神抖擞，给人的感觉是生活并不沉闷，而是非常美富有活力。此外，吉姆把自己的工作写在日程表上，让他人时刻都知道自己在做什么。他还组织各种活动，与顾客联谊、加强公司内部人员的交流。吉姆的精神状态很快改变了工作氛围。店里的员工都开始充满激情地工作，即使早出晚归也没有任何怨言。他们在工作中精诚合作，力图把每一件工作都做到最好。因此，店里的业绩有了大幅度的提升。公司老板决定把吉姆饱含激情的工作方式推广到其他的连锁店。

每个初入职场中的人肯定都有过这种激情四射的工作状态。可是，这份激情大部分来自对工作的新鲜感，以及对工作中出现问题的征服感。一旦进入职场时间久了，新鲜感就会消失；随着工作得心应手，激情也就随之消失了。他们每天只是按部就班地上班、工作、下班，在平淡中逐渐生出对工作的厌烦，每天只是在敷衍了事而已。这样的员工，即使有才华，也不会很优秀，更不可能成为公司的金牌员工。

对于一名员工而言，激情就好比生命。有了激情，我们身上潜藏的巨大潜能就会被释放出来，从而提高工作能力；有了激情，枯燥无味的工作也会变得生动起来，我们会因此而充满活力，对自己的事业有热烈的追求；有了激情，我们就能感染周围的同事，大家精诚合作，共同努力，工作业绩会越来越高；有了激情，我们可以得到老板的重视和提拔，成为企业的金牌员工，为自己赢得宝贵的成长和发展机会。

06 学习：不断实现自我增值

能否不断实现自我增值，是现代企业衡量一个员工是否是金牌员工的重要指标。只要你留心观察就能发现，金牌员工之所以能出色地完成工作任务，是因为他们有丰厚的知识做根基。而这一点，只有通过不断学习才能达到。所以，想要成为一名金牌员工，必须将自我增值进行到底。

有位著名的作家说过："学习是21世纪的通行证，只有不断学习的人才有可能成为21世纪的高效能人才。一个人的每一项进步，能力的每一次提升，绩效的每一次提高都是通过学习实现的。"为了论述这个道理，这名作家又列举了山雀和知更鸟的例子。

在20世纪30年代之前，英国牛奶公司送到顾客门口的牛奶，奶瓶口没有盖子也没有封口，导致山雀与知更鸟这两种在英国随处可见的鸟，每天都能喝到瓶子里的奶。为了解决这一问题，牛奶公司用铝箔把奶瓶口封起来。出人意料的是，大约20年后，英国的山雀通过学习和实践，学会了如何把奶瓶的铝箔啄开，继续喝它们喜欢的牛奶，而知更鸟却没有学到这一本领，自然也就喝不到奶了。不要以为自己学识丰富，能力出众，便目空一切、不思进取。我们都知道，车子、房子，包括容颜都会随着岁月的流逝不断变旧、变老。同样，每个人赖以生存的知识、技能也一样会变得不再适应社会的发展需要。一味吃"老本"，只会让你的底子越来越薄，工作绩效得不到提高。在竞争激烈的今天，"不进则退"，退步就会被淘汰。

这些话并不夸张。美国职业专家指出，如今的职业半衰期越来越短。如果高绩效员工不实现自我增值，那么5年之后他就会变为低绩效的平庸员工。所以说，要想保持自己的工作能力不下降，就必须通过各种渠道学习与工作相关的知识。

彼得·詹宁斯是美国ABC的王牌主播人。他年轻时接受到的教育并不完整，但这并不妨碍他在工作中有突出表现。因为，他在实践中虚心学习，不断丰盈自己。1965年，他成为美国ABC晚间新闻的当红主播，不过3年后，他离开主持人的位置，开始到新闻第一线去磨炼自己，做起了记者。通过记者生涯，詹宁斯的阅历更加丰富，他的新闻报道技巧也有了很大的提高。经过此番历练，彼得·詹宁斯已由一个初露头角的年轻人，成长为了世界知名记者，并顺利地重新做回了主持人。

在自我增值的过程中，千万不要忽略了工作这一学习课堂。就像彼得·詹宁斯那样，在工作中丰盈自己。这样，就可以提高自己的素质和执行能力，让自己变得更加出众。

在职场中，大部分企业都有员工培训计划，所需费用一般列为企业人力资源开发的成本开支。企业培训计划的内容基本上都是围绕工作展开的，所以，成为企业的培训对象，对提高自己的工作能力非常重要。因此，你需要对培训计划有一个详细的了解，比如计划的内容、人员、

时间等。此外，你还要了解培训对象需要具备的条件，如果你认为这个计划对自己有益，而且自己完全符合条件，就应该主动提出培训申请。如果企业提供的计划与自己现从事的工作关联不大，还可以考虑其他培训机构的一些热门的培训计划或自己感兴趣的计划。

金牌员工的身上还有一个特质，就是从不放弃学习其他人身上的优点。善于发现他人的长处，并学习这种长处，为己所用，你就会积累足够的才能让自己业绩斐然。

唐克和吉姆在大学期间的表现都很出色，毕业后他们被同一家杂志社录用了。工作了一段时间后，唐克对上司非常不满，对吉姆说："我真不喜欢咱们的上司。他总是目空一切，认为没有人比得上他。在审查我们的稿件时，他一目十行，还没看完就说写得不行，我都恨死他了。说实话，要不是公司的福利待遇好，我早就辞职了。"

吉姆回答道："公司的福利待遇确实很诱人。不过，我觉得上司虽然很怪，但他是一个很有能力的人。我认为，只要跟着他认真地干活儿，一定能从他身上学到不少东西。反正我们也是新人，挨批评也很正常，没什么大不了的。"唐克听后，不以为然。

一年后，唐克的工作陷入了恶性循环之中：写稿——被毙——再写稿——再被毙。而吉姆因为每次都虚心听取批评，还主动向上司学习，工作能力越来越高，稿件基本上都是一次通过。其实，不管多么优秀的人也都会有缺点，我们不能盯着他的缺点不放而忽视他的优点。像唐克那样，只会让自己的执行力越来越弱，导致最后不能完成任务。

世界万物都处在变化发展之中，你要想在"变"中做出一番成绩，拥有"金牌"的光环，就必须通过学习、不断地学习，让自己变得丰盈，让自己的工作能力越来越高。总之，学海无涯，增值无限！

07 勤奋：永不过时的工作精神

唐朝大文学家韩愈曾经说过："业精于勤荒于嬉，行成于思毁于随。"有些人之所以能成功，一个重要的原因就是他们勤奋；而有些人总是失败，关键就在于他们懒惰。在职场中，勤奋是一种永不过时的工作精神，是金牌员工必须具备的素质。

一天，有人问李嘉诚成功的秘诀是什么，李嘉诚讲了一个故事：原一平被称为日本的"推销之神"，在他69岁那年，有人问他为什么总是能成功推销，他当即脱掉鞋袜，请提问者走到跟前，说："你摸摸我的脚底就知道了。"提问者摸完后，惊讶地说："好厚的老茧啊！"原一平说："因为我比别人走得多，也比别人跑得勤。"提问者思考片刻后，恍然大悟。李嘉诚讲完故事，笑着说："我没有资格脱掉鞋袜让人摸，但我可以如实告诉你，我的脚底也有一层厚厚的老茧。"

一个人能否取得成功，性格、学识、环境、机遇等因素固然很重要，不过，如果缺少勤奋和努力，他成功的可能性同样很小。缺少勤的精神，哪怕是极具飞行天赋的雄鹰也只能望"空"兴叹。有了勤奋的精神，哪怕是行动缓慢的蜗牛也能爬到塔顶，观万里层云。

爱因斯坦说："在天才和勤奋之间，我毫不迟疑地选择勤奋，她几乎是世界上一切成就的催生婆。"而在老板心目中，最理想的员工也许并不是最聪明的，但一定是最勤奋的。老板器重这样的员工，并给予他们广阔的发展空间。

那什么样的员工才是最勤奋的员工呢？随着社会的发展，"勤奋"的内涵被赋予了新的内容。如果你认为"勤奋"就是埋头苦干，听老板的吩咐做事，那你就大错特错了。"勤奋"当然需要全力工作，但只有做到不等老板吩咐，积极主动完成自己应该做的事，这才算是真正的"勤奋"。

每个老板都希望手下的员工不只有手，还有脑，会带着思考工作。有些员工属于"机械"员工，他们只有当老板发出命令，并按动按钮后才会工作。没有哪一个老板欣赏并愿意雇用这样的员工。职场中，这种只知道机械完成工作的"应声虫"，会被毫不留情地开除。只有那些能正确领会老板命令，并结合自己的才华和智慧，主动把工作做得比预期还要好的人，才是老板真正寻求的勤奋员工。这样工作的员工才能成为一名金牌员工。

下面这个故事，相信大家都很熟悉。不过，还是请大家耐心再读一遍，它也许会给你更多的启示。

　　汤姆和杰克同日进入一家超级市场工作，并且都从底层做起。两个人工作都很勤奋，拿一样的薪水。可是，三个月后，汤姆被升为主管，而杰克却没有得到任何提升。杰克对此非常不满，终于有一天，他拍案而起，向老板递交了辞职信，并质问他："在工作中，我和汤姆一样勤奋，您吩咐什么我就去做什么，为什么升他做主管而不升我呢？"

　　老板听完杰克的抱怨后并没有生气。他知道杰克在工作中确实肯吃苦，不过杰克的执行似乎缺少些什么。缺少什么呢？老板一时无法说清楚，于是便想通过一个具体的事例让他明白。

　　"杰克，别着急辞职。"老板说，"你先去集市上看看人们都在卖什么蔬菜。回来后再说这件事。"

　　杰克从集市上回来说，"只有一个农民拉了一车土豆在卖。"

　　"一车土豆总共有多少斤？"老板问道。

　　杰克又赶紧跑向集市，回来告诉老板土豆一共有500斤。

　　老板再次问："每斤卖多少钱？"杰克只好又一次跑到集市上。

　　"你先坐下休息一会，"老板对累得满头大汗的杰克说，"现在看一看你的朋友汤姆是如何处理这件事的。"说完，他把汤姆叫进办公室，说："你去集市上看看人们都在卖什么蔬菜。"

　　汤姆回来后马上向老板汇报情况，说，"现在只有一个农民在卖土豆，大概有500斤，价格很合适，质量也不错。我带来了几个让您看看。还有，那个农民说自己有五箱西红柿也要出售。昨天咱们店里的西红柿卖得很快，库存已经不多了。所以我就跟他回家看了看他的西红柿，发现价格公道、质量很好。我觉得咱们可以从他那里购买一些，所以把那个农民也带来了。他现在正在外面等着呢，您可以跟他谈谈。"

　　这时，老板对杰克说："你现在知道升汤姆而不升你的原因了吧？"杰克是不勤奋吗？不是，他一丝不苟地执行老板的命令，任劳任怨地往集市跑了三次。但是，他一直都是被动地工作，从没有一次主动思索，想方设法把工作做得更好。汤姆在工作中不仅用手还用脑，虽然只跑了一趟，但工作效果却好得多。

所以说，勤奋虽然是一种不可或缺的工作精神，但是你必须明白勤奋的真正含义，避免让自己成为像杰克那样的"应声虫"。因为，虽然老板都欣赏勤奋的员工，但是他不会容忍做不出任何业绩的员工。因为这样的员工对公司的作用极其有限。所以，赶紧抛开那种只听老板吩咐才工作的想法吧。在工作中开动智慧，积极主动地把工作做好，这样才能在职场中长久生存下去。

总之，真正的勤奋，需要积极主动的精神，需要有把工作做好的责任心。为了更好地完成任务，勤奋的人不会墨守成规，他们会打破常规，独辟蹊径。这样的勤奋，才是永不过时的工作精神。拥有这种精神的员工，一定会成长为金牌员工，并最终实现自己的人生价值。

08 果断：不要优柔寡断

果断，是金牌员工的必备素质。一个优柔寡断的人成不了大事，华裔电脑名人王安博士在童年时便对这点深有体会。那年他6岁，在放学的路上被一个鸟巢砸到了头。从鸟巢里面滚出了一只嗷嗷待哺的小麻雀，看上去非常可怜。王安决定把麻雀带回家喂养。当他托着小麻雀走到家门口时，忽然想起妈妈不让自己在家里养小动物。于是，他把小麻雀放在门口，然后急忙进门去请求妈妈允许自己喂养这只小麻雀。在他的恳求下，妈妈破例答应了。等他兴奋地跑到门口时，却发现小麻雀已经不见了。不远处，一只黑猫正意犹未尽地舔着嘴巴。王安为此伤心了很久，从此他记住了一个教训：只要是自己认定的事情，一定要果断地付诸行动，绝不可优柔寡断。

希望自己能有一番作为的人，一定要跨过优柔寡断的障碍。做出一个决定也许只要几分钟的时间，但抓住了这几分钟，采取了及时有效的措施，你的事业就能前进一大步；如果抓不住这几分钟，就只会让自己错失良机。威廉·惠德说过："如果一个人面对两件事而犹豫不决，不知道应该先做哪一件事情，那么他哪一件事情也做不成。这样的人非但不会有进步，反而会后退。唯有那些先聪明地斟酌，再果断地决定，然后坚定不移地去行动的人，才能在事业上取得伟大的成就。"两个猎人甲和乙一同去打猎。在路上，他们发现了一只大雁，于是拉弓搭箭，准备射下大雁。这时，甲说："我们射下大雁后该怎么吃呢？是煮着吃，还是蒸着吃？"乙说："煮着吃，这样味道更美。"甲不同意，说："蒸着吃味道更好。"两个人就为如何吃大雁争论起来，一直都达不成一致。后来，一个砍柴的村夫走到他们身边，说："你们争论什么呢？"听完二人的诉说后，村夫说："很简单，把大雁分成两半，一半煮，一半蒸。"两个猎人认为这个主意不错，于是就决定这么办。可是，当他们再次拉弓搭箭时，大雁早已经无影无踪了。

在这个故事中，猎人犯了议而不决、优柔寡断的错误，结果失去了射下大雁的最好时机。其实，"吃"只是一个结果而已，如果没有射的过程，哪里来的结果呢。所以说，没有果断的行动，就没有最后的成功。阿内夫人品德高尚、受人尊敬，不过，她的家人和亲密朋友都知道她有一个不好的习惯，即做事优柔寡断。比如，阿内夫人想买一件东西，如果城里有5家商店都在出售，她一定会把每个店铺都跑遍。而且每进一个商店，她会光临每一个柜台，仔细观看和比较她要买的东西。结果，她会觉得这个颜色不是特别好，那个式样略有些差异，导致最后什么也买不了。

就算她买下了某件东西，她的心里也一直忐忑不安，买的这件东西是不是真适合自己？是否还要咨询一下他人的意见？她往往还会再去店里调换几次，而内心还是不完全满意。

在职场中，像阿内夫人这样的员工也有很多。他们中的一些人做事顾虑太多，总是犹豫不决，除了机械地完成上司布置的任务，从未有主动的行动和表示。他们平凡而又渺小，好像大海中的一滴水，没有脱颖而出的机会，和晋升与加薪也没有缘分。还有一些人也想主动做些什么，可是觉得做这件事也可以，做那件事也不错。结果什么事情也做不成，大好的时光都浪费在优柔寡断上了。可见，在工作中，一个人是否果断决定着他是否能取得成功。既然优柔寡断对我们的危害如此之大，那还犹豫什么呢？赶紧抛弃优柔寡断，让自己养成果断的工作作风。如何养成果断的工作作风呢？你可以按照下面几点去做：

1.当机立断，给自己尽量少的思考时间

当你面对一堆工作而无法分出轻重缓急，不知道应该做哪件时，结合实际情况把这些工作仔细分析一下，然后迅速决定做哪一件。思考的时间不要太长，否则你就会陷入瞻前顾后的怪圈中，迟迟拿不定主意，结果什么事也做不成。

2.把目标分解到每一天

在你迅速做出决定后也要明白，完成一项工作需要一定的时间，有一个过程。我们不要因为这件事迟迟完不成就转而去做其他的事，总想一口吃一个胖子、一下子就成名。这样只会导致我们哪一件事都做不好，无法实现最后的目标。真正成大事者都擅长化整为零，从大处着眼，从小处着手。所以，一旦确定自己的目标，就要制订一个详细的工作计划，把工作量化到每一天，让自己知道每天应该干什么。

3.马上行动

有了明确的工作计划，就马上付诸行动。你应该知道，成绩是做出来的，不是在纸上写出来的。

当然，果断不等于武断。有的人拍脑袋做决定，头脑一热，就开始行动。这些人总是不懂装懂，自以为是，做事不结合实际，不听取他人意见，刚愎自用，行动看似果断，不过是武断，逞匹夫之勇而已。

现实生活中，行动的快与慢，对取得成就的大小有重要影响。像优柔寡断这样的恶习只会阻碍一个人的成功。只有果断的人才能把握决定成败的关键时刻。就像俗话说的那样，"趁热打铁"，"趁阳光灿烂的时候晒干草"，所以我们要抓紧有利的时机和条件迅速行动，不要因为优柔寡断而延误时机。

09 双赢：与公司共同成长

鳄鱼吃完食物后，牙缝里经常塞满了肉屑残质。如果不被清除，这些食物渣滓就会逐渐腐败生蛆，腐蚀鳄鱼的牙齿。但是，科学家们发现鳄鱼的牙齿非常健康，那鳄鱼是怎样保护自己的牙齿呢？原来，有一种鸟叫燕千鸟，它们就在鳄鱼的牙齿中间寻找食物，为鳄鱼剔牙齿、捉蛆虫，也使自己填饱肚子。有时候鳄鱼睡着了，燕千鸟来到它的嘴边时，用翅膀拍打几下鳄鱼的头，鳄鱼就自动张大嘴巴，让小鸟飞进嘴里觅食。小鸟有食物吃了，鳄鱼的牙齿被清洁了，这种互利的解决问题方式就被称为"双赢"。

双赢，顾名思义就是对双方都有利，就像鳄鱼和燕千鸟那样。每一个员工在工作过程中都应该有双赢的意识，让自己与公司共同成长。只有这样，员工在工作中才能最大限度地实现自己的价值。对一个金牌员工而言，他们在工作中绝不会违背"双赢"的原则。

仔细想一下，你在工作中是否有过损害公司利益的行为呢？也许你会说，这是难以避免的，因为没有人能做到公私兼顾，让公司遭受一点损失，也是不得已而为之的事。真是这样吗？燕千鸟能在食物不够吃时啄鳄鱼嘴上的肉吗，鳄鱼在没有吃饱时能把嘴里的燕千鸟吃掉吗？答案显然是不能，双赢的价值就体现在这里，它不会损害任何一方的利益。

在工作中，如果你能坚持"双赢"的工作原则，你就会发现维护公司利益能给自己带来更大的好处。而且作为一名员工，你的职责就是为公司服务。如果你本末倒置，将个人利益凌驾于公司利益之上，可以说这是一种不道德的行为。而且，这种行为还会葬送你的职业生涯。

张平才华横溢，能言善辩，进入一家大公司后一路高升，很快就被提拔为技术部经理。在人们看来，张平的前途不可限量。一天，一位港商宴请张平，在席间，港商说："你知道，我们公司和你们公司正在商谈一个项目。如果我手中有你公司的技术资料，那么在谈判中一定能占上风。不知你是否愿意帮这个忙。"

"您这么说是什么意思，让我出卖公司吗？"张平皱着眉头说。

港商微微一笑，说："你在这个项目上得到的提成有这个多吗？"说完，他将一张50万元的支票塞进张平的手里。然后接着说："这件事绝对不会传出去的，只有你知我知。"看着这笔巨款，张平动心了，把手中的技术资料复制了一份，送给了港商。

在之后的谈判中，因为对手摸清了自己的底细，导致张平所在的公司非常被动，损失惨重。事后，公司终于查清了真相，毫不留情地辞退了张平，那50万元也被公司追回，以赔偿损失。此时，张平十分后悔，但为时已晚。

从张平这个反面教材中我们可以得知，要想成为金牌员工，坚持双赢的原则是必需的。要做到双赢，首先就要站在公司的立场上对待工作。只有这样，你才能知道在这项工作中，公司想要得到什么利益，你执行的出发点会不会损害公司的利益。也只有这样，你的执行才会更到位、更高效。因为，你的目标非常明确，就是一切为了公司的利益，你的所有执行都会围绕着这个目标进行。

当然，双赢有时候并不是尽善尽美的，它需要一方做出一些妥协，牺牲一些自身的利益。此时，你必须坚守达成双赢的信念和决心，愿意牺牲个人利益来成全公司的利益。尤其是当个人与公司之间的利益冲突严重到"不可调和"时，作为员工的你应该有从自身的根本职责出发，牺牲个人利益而顾全大局的勇气和决心，这样才能最大限度地促成双赢，使问题得到顺利解决。正所谓"退一步海阔天空。"

西奈半岛是一座连接非洲及亚洲的三角形半岛，位于埃及境内，与以色列相邻。1956年，以色列占领西奈半岛。之后，埃及和以色列为此岛发动了数次战争。后来，双方决定以和平方式解决这个问题。但是，以色列坚决不同意把半岛还给埃及。以色列对埃及说："放弃西奈半岛就等于为你们敞开了攻击我们的大门，你们随时都可以把坦克开过来，用大炮对准我们。"

埃及也斩钉截铁地说："我们必须要收回西奈半岛的管辖权，半岛早在几千年前就属于我们。丢弃了它就等于丢弃了我们的历史和自尊。"

就在谈判陷入僵局的时候，双方想到了一个双赢的好办法：以色列归还西奈半岛，但埃及必须将这个地区划分为"非军事区"。也就是说，半岛上飘扬着埃及的国旗，却不会有他们的武器。这个方法解决了双方的矛盾，避免了战争的发生。

退后一步是达成双赢的关键。不仅在解决国际争端时需要有退后一步的胸襟和智慧，在公司与个人利益之间，个人的退让往往也是解决问题的最有效的手段。所以说，在工作中，面对不可调和的利益冲突，不要以鱼死网破的方式去解决问题。这样只会造成"两败俱伤"的结果，对你和公司的都没有好处。"退一步海阔天空"的双赢模式，才是你最佳的选择。

在工作中，我们应该牢记一条工作哲学：我好，公司好，才是最好。谁遵循了双赢原则，谁把这套哲学应用自如，谁才会成为公司的金牌员工。

图文资讯

拓展书籍内容，
开阔阅读视野。

拓展视频

观看在线视频，
激发阅读兴趣。

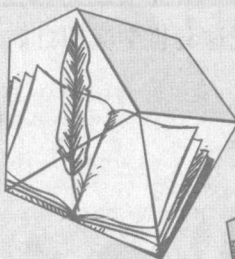

阅读分享

分享阅读心得，
碰撞思维火花。

趣味测评

测评阅读习惯，
获取阅读建议。

扫码进入 线上
阅读空间

ONLINE
READING
SPACE

让知识照耀人生